动力分布式通风技术与应用

居发礼　著

机械工业出版社
CHINA MACHINE PRESS

本书紧扣国家和社会发展的健康空气、节能降碳和防疫需求的通风技术研究新成果，结合室内环境控制"通风优先"的新理念，提出了通风技术领域的新技术——动力分布式通风技术，采用理论研究与工程实践相结合的方法，配以大量的工程应用案例，阐释了动力分布式通风技术的性能、设计和发展，最后附以平疫结合型动力分布式通风系统设计与调适指南，内容具有独创性、先进性和落地的实践性。

本书适合于建筑环境与通风空调技术研究人员、工程师、产品研究开发人员等参考和学习使用。

图书在版编目（CIP）数据

动力分布式通风技术与应用/居发礼著 . —北京：机械工业出版社，2023. 10

ISBN 978-7-111-73702-5

Ⅰ.①动… Ⅱ.①居… Ⅲ.①房屋建筑设备 – 通风设备 – 研究 Ⅳ.①TU834

中国国家版本馆 CIP 数据核字（2023）第 155267 号

机械工业出版社（北京市百万庄大街 22 号　邮政编码 100037）
策划编辑：薛俊高　　　　　　责任编辑：薛俊高　范秋涛
责任校对：王荣庆　张　征　　封面设计：张　静
责任印制：郜　敏
中煤（北京）印务有限公司印刷
2023 年 11 月第 1 版第 1 次印刷
184mm×260mm · 13.25 印张 · 316 千字
标准书号：ISBN 978-7-111-73702-5
定价：59.00 元

电话服务　　　　　　　　　　网络服务
客服电话：010-88361066　　　机 工 官 网：www.cmpbook.com
　　　　　010-88379833　　　机 工 官 博：weibo.com/cmp1952
　　　　　010-68326294　　　金 书 网：www.golden-book.com
封底无防伪标均为盗版　　机工教育服务网：www.cmpedu.com

前　言

2010 年，在付祥钊教授带领下，我们着手开展动力分布式通风系统理论研究、技术与产品开发、工程应用。一晃 10 年过去了，10 年得有个总结，一方面是回顾梳理取得的阶段性成果，另一方面是为下一个 10 年的继续研究找准方向。所以我把这 10 年来的研究成果整理形成本书。

建筑通风是建筑的基本性能之一，关系到建筑内的人员呼吸健康，是热舒适的前提，因此在室内空气环境营造时应该"通风优先"。通风的同时需要对室外新风进行热湿与颗粒物浓度的处理，需要消耗一定的能源，这形成了通风需求的约束条件。因此在研究中，我们始终立足"科学合理的通风需求"这一基本出发点，针对各个空间的通风需求进行了深入细致的研究分析，发现了通风需求的动态变化特性以及各个空间通风需求变化的不一致性，在此基础上开发了动力分布式通风技术。我把之前的动力集中式通风系统类比于普通火车，"火车跑得快，全靠车头带"，驱动的动力在唯一的前端；而目前的动力分布式通风系统就类比"和谐号高铁、动车"，驱动的动力分布在多节车厢（组），动力之间的匹配协调与控制是关键。

"循序渐进，渐行渐远"。我们发现开始的动力分布式通风系统中虽然末端设有可调节的动力风机，但是在实际工程应用中若没有很好的系统匹配设计和调适，末端支路风量仍然不能达到设计值要求，也就是出现了"风量偏移"现象，我们阐释了"风量偏移"现象的机理，并提出了解析和图解分析的方法。但这一问题理论上的解决并没有在实际工程应用过程中为设计师提供简单便捷的设计方法。能不能让设计师非常简单地应用该技术同时风量又满足设计需求呢？我们沿着这一思路深入研究后提出了"智适应"的理念并开发了多种类型的"智适应动力模块"，设计师只需要风量需求计算，直接选用"智适应动力模块"，不需要水力计算，让设计变得简单便捷，同时可以很好地为设计与施工实际情况不符进行纠偏，保障了风量供应的可靠性。我将此类比为"汽车"，之前的动力分布式通风系统好比常规汽车，第二代改进的动力分布式通风系统就类似于具有自巡航功能的汽车，当设定为某一速度时，不管是上坡还是下坡，均能通过发动机转速自动调整以满足设定速度要求。

"独学而无友，则孤陋而寡闻"。在做学术理论研究、技术开发的同时，我们一直坚持"产学研用""技术转化为产品，产品服务于市场"的思想，在重庆海润节能技术股份有限公司的平台上进行了产品的产业化与技术的工程应用化，开发了系列产品，完善了动力分布式通风系统的设计方法、模块化系列产品、设计标准图集等整套工程应用内容，初步提出了装配式通风系统的理念，并沿着这一思路进行了多项实际工程应用，取得了良好的效果。特别是在新冠疫情下，负压（隔离）病房、PCR 实验室建设项目的动力分布式通风系统已经得到较多应用，有效保障了空间内的压力和空气压差梯度，取得了满意的效果。

这 10 年中，参与该系统理论、技术与产品开发的人员有：范军辉、侯昌垒、丁艳蕊、陈敏、闫润、雷维、黄雪、邓福华、祝根原等。他们为理论研究、技术与产品开发、设计院技术交流、工程应用推广投入了大量的时间和心血。本书的许多提法和结论是基于我们的阶段性研究成果尝试性提出的，不妥甚至错误之处，希望大家批评指正。

"路漫漫其修远兮，吾将上下而求索。"动力分布式通风系统是一个开放的系统，其涉及流体力学、机械动力等科学知识，关系到不同应用场合通风的个性化要求，平疫结合的通风要求等，同时在新工业化进程中，模块化装配化建设的发展，大数据、区块链与物联网控制等方面，还需要深入细致的研究并进行产品开发、应用转化。这是一条宽广的路，希望下一个 10 年能有更多的人加入进来，继续深入发展该技术，为建筑室内空气环境、人民的身体健康与社会的节能减排贡献自己的专业力量！

本书是重庆科技学院和重庆海润节能技术股份有限公司产学研合作成果之一，由重庆市技术创新与应用发展专项重点项目：建筑可再生能源应用技术与减碳效果评估研究（项目编号：CSTB2022TIAD-KPX0129）资助出版。

目　录

第1章 "通风优先"理念与动力分布式通风系统

1.1 "通风优先"的室内空气环境营造理念

改革开放以来,我国国民经济和社会取得了长足的发展,但问题也接踵而至,城市化进程中显现出用地紧张、生态失衡、环境恶化等问题,给人们居住生活带来很大影响;同时社会资源快速消耗,导致能源短缺问题日益严重,成为制约社会与经济进一步发展的主要因素;从现代人类活动来看,人们80%以上时间生活在建筑内,建筑室内空气安全需要进一步得到保障。建筑室内空气安全对实现国民经济和社会的可持续发展具有重要的战略意义。

历史上,降温通风曾是民用建筑夏季热舒适的基本手段。通风凉爽是对建筑性能的重要要求。这在20世纪推动了民用建筑在通风工程学上开展了长期持续不断的系统研究,取得了丰硕的成果。但降温通风的可行性和效果受室外空气热湿状态制约。在我国大多数地区,夏季许多时间室外空气的热湿状态点本来就落在热舒适区之外,不具备改善室内热环境的能力。所以,"只重冷暖,忽视通风"的舒适空调在民用建筑中普及,将新风置于空调的从属,在空调优先、节能优先的理念下,新风成为了"负担",得不到足够的重视。本质上,现有室内空气环境营造理念与当前时代要求不相符,缺少"以人为本",不能满足人们的高品质生活的需要。

建筑室内空气环境质量对人类的生存与发展越来越重要。呼吸是人生命的第一需求,室内空气环境的优劣不仅影响着人们的生活品质和工作效率,更关系居住者的健康安全。当前国家标准《公共建筑室内空气质量控制设计标准》(JGJ/T 461—2019)、《绿色建筑评价标准》(GB/T 50378—2019)均对室内空气质量提出了较高要求,以满足人们可感知的对美好生活向往的愿望。室内空气环境属于建筑室内环境中具有一票否决权的因素。如何构建良好的室内环境品质将对人们的日常生活产生深远的影响。而通风是改善室内空气环境最根本的、优先的有效技术措施。通风良好是建筑的关键性能。同时通风在全年任何空间均需要,而热湿只是部分时段部分空间的需要。因此建立空气环境营造系统就应该立足于绿色建筑,面向健康建筑,打破传统的"只重冷暖,忽视通风"的空气环境调控思路,采用"通风优先,热湿匹配"的、由"舒适到健康"的室内空气环境营造思路,呼应"绿色建筑"与"健康建筑"的以人为本的核心思想。

1.2 为什么要"通风优先"

"通风优先"是指在暖通空调工程的设计、施工、调适和运行各阶段,应先做通风内容，再做热湿调控（供暖、空调等）内容，并要协调好热湿调控与通风之间的关系。"通风优先"的原因如下：

1) 通风是建筑的基本功能，人居建筑的任何时间、空间都需要通风，热湿调控只是部分时空的需要。

2) 通风首先要保障呼吸安全与健康，相对于热舒适，其对可靠性要求更高。

3) 设计上通风与建筑的配合更多、更难。通风优先设计，更要及时与建筑在新排风风口位置、主机房、管道空间需求进行沟通协调。

4) 施工上，风管、新排风风口、新风主机、风机的安装需要大量位置空间和更大的施工操作空间，需要众多的、分布在建筑内外围护结构各处的预留孔洞。即使是一些电缆可能先于风管就位，也必须先确定保障风管所需的位置空间和施工调适运维空间。室内装饰凡与通风有交集之处，更应在通风施工完成之后进行。

5) 运行上，需要有全时空的通风运行方案，才可能制订合理节能的热湿调节（供暖空调）方案。运行过程中，注意力要首先集中在通风运行上，根据通风运行工况和状态，决定热湿调节功能的启、停和调节。

6) 维护上，由于通风是全时空运行，停机维护的机会不多，在维护方案上更需要优化考虑。

新冠疫情警醒人们需要重新审视并高度重视通风对人员安全和健康的影响，传染病的室内防控不能完全依赖于通风，但建筑的通风系统发挥着重要的防控作用。公共建筑常规空调系统设计时应考虑突发空气传播疫情工况。建议新风系统设计成可变新风量运行，同时应设计相对应的排风系统，既可以在过渡季通过加大新风量运行实现节能，又可在疫情暴发期加大室内换气次数，降低空气中的病毒浓度，从而降低感染风险。当疫情发生时，通风不再只是满足人员吸入氧气的需要，也不再只是满足常规室内空气品质的需要，而是要满足人体健康和安全保护的需要，要尽可能防止病毒的气溶胶传播。

1.3 动力分布式技术研究现状

1.3.1 系统的提出

传统的机械通风系统是动力集中式通风系统，如图1-1所示。即是一台送风机或排风机提供整个管网的动力，将空气按设计需要风量通过风管送到不同房间，或从不同房间吸入空气，通过管网集中排到室外。动力集中式

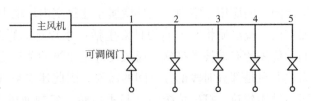

图1-1 动力集中式通风系统示意图

通风系统的动力是集中的，往往一个系统承担了许多独立空间的送风或排风，因此当某个末端送风量或排风量需求变化时，只能调节唯一的风机，这就造成了其他风量需求没有变化的区域，其风量也发生了改变。对于动力集中式通风系统，风机的余压是根据最不利环路确定的，其他支路的资用压力就会有富余，越靠近动力源，富余量就越大，对于这些富余压头，只能靠增大阻力方法消耗。最不利支路的流量往往只占系统总流量很小的一部分，而为了这

一小部分的流量,其他流量也只好通过风机达到较高的压头,再用阀门消耗掉多余的部分,造成了很大的能量浪费。只要是动力集中式通风系统,并且具有多个支路,在设计工况下,调节阀能耗就占有颇高的份额。在调节工况下,改变动力的集中调节虽然减少了向系统投入的能量,但阀门能耗所占的份额并没有改变。节流方式的集中调节和局部调节都将使阀门能耗增加,根本原因是系统动力的集中。

在设计管网系统时,目前通常采用的计算方法是阻力平衡法,即根据假定流速得到初步的管网结构,计算所有管段的阻力损失,再对每个并联节点进行阻力平衡计算,如果不平衡率小于10%,则认为达到设计要求。这种方法存在以下几个缺陷:①不一定能满足设计要求。不论设计者的计算结果如何,在实际运行过程中各并联支管的压力始终是自动保持平衡,不存在所谓的"阻力不平衡"问题,支管的流量则会根据管网特性按比例进行重新分配,可能达不到设计预期的目的。②计算精度差。如果每一个支管上均存在10%左右的偏差,经过多次累计,压差率会很可观。特别是对大型管网,这个问题会更加突出。③无法确定调节阀开度。通风系统一般都有限定的流速范围,即一定风量下管径大小是一个范围。当通过改变管径不能平衡管网时,必须要调节阀门开度,该方法却不能确定阀门开度。④不能与风机有效地匹配。应该联立求解风机性能曲线方程和管网特性方程,得到风机的运行工况点,判断所选风机是否合适,而不是单纯考察风机的额定风量和风压。

为了解决各类管网输配系统水力不平衡所造成较大能耗浪费的问题,特别是应对系统运行过程中多工况输配调节能耗高的现象,动力分布式技术应运而生。这主要是因为各用户的调节需求,系统需要应对多工况的输配水力平衡调节。目前的动力集中式通风系统形式确已无法达到标准要求与实际工程的需求,迫切需要新型的可满足动态非均匀需求的通风系统,动力分布式通风系统是其中的一种。动力分布式技术与动力集中式通风系统相对应,就是促使流体流动的动力分布在各支路上而形成的输配系统。也就是除了主动力外,在各个支路上也分别设有动力,并对各支路按需提供动力。动力分布式系统 "distributed power system" 分支处的动力并不是随意分散,而是通过设计思想按要求分布布置的。

国外学者 Green[1]、Rishel[2] 为了解决空调管网输配系统能耗过大的问题,提出各用户采用变频泵代替阀门来进行管网流量调节,从而达到节能的目的。这种动力分布式的形式调节灵活,但受限于小型水泵的变频运行技术的发展,这种方式还不能完全替代阀门的调节。另外,国内不少研究者[3~5]也提出了在供热系统、空调水系统末端用变频泵代替阀门进行调节,取消在压头多余处所安装的阀门,在压头不足处增装水泵,通过调节水泵的转速,实现对系统的流量调节。

动力分布式技术方案的提出,也为通风系统提供了一种水力平衡输配调节方案,给通风系统技术领域指明了一个节能研究方向。当前国内外研究主要集中在系统节能性和系统管网特性等方面。

1.3.2 系统节能性

现有文献关于动力分布式技术的理论研究主要有:系统节能、系统稳定性和系统设计,对于动力分布式这个发展中的技术,主要还是侧重于系统节能的研究。

1997 年,国内江亿院士[3]率先在空调领域提出了用变频泵代替调节阀的全新设计思路。

通过工程实例，探讨在空调系统中利用变速风机和变速泵代替调节用风阀水阀实现风和水系统的调节的可能性。他认为，变速风机和变速泵的使用可以节省运行能耗，同时改善系统的调节品质，系统的初投资一般也不会增加。其对动力分布式技术进行了相关阐述，并定性地认为这种技术节能，对于具体系统的节能性并未做详细数据分析。

除了定性分析，研究者也开始对具体工况进行具体数据分析探讨。2009 年，李玲玲[6]针对热水供热系统进行不同形式的动力分散系统的输送能耗的计算分析，表明在设计工况和 80% 负荷的调节工况下，动力分散系统相对于采用水泵变速调节的动力集中系统，输送能耗可以减少 31.9%。由此可见，动力分布式技术在部分负荷下更能发挥变速泵的优势，同时变速能力决定着其节能潜力，而对于通风系统的应用也是如此。

对于节能效果的研究，研究者除了进行了定性、定量的分析，还对动力分布式技术的节能效果的影响因素进行了分析。2003 年，狄洪发[4]研究分布式变频调节系统在供热中的节能效果。认为如使用分布式变频调节系统，应合理选择主循环泵和回水加压泵的扬程，此时水泵能耗可大量减少，特别是在部分负荷运行工况下，其节能效果更为明显。2005 年，符永正[5]以热水供热系统为例分析了常规水系统在设计工况和调节工况下的调节阀能耗。得出对于动力集中系统来说，系统越大，调节阀能耗在动力设备的输出功率中所占的份额越大。越是大型系统，采用动力分布式节能意义越大。

对于节能效果的分析，研究者如符永正已经尝试建立相关模型，用数学计算公式分析节能潜力与影响因素。另外，2008 年哈尔滨工业大学王芃等人[7]定义了单热源枝状热网热媒输送的需用功率，指出这一最小功率可以由零压差点位于热源出口的分布式水泵系统实现，并且定性分析了影响该分布式水泵系统节能率的各个因素，指出对于单热源枝状热网处于下列情况时，应用分布式水泵系统，可能获得较高的节能率：①系统热用户较多且靠近热源端密度较大。②热源近端的热用户支干线规模较远端小，或者热源近端热用户的设计需用压头较小。③枝状热网干线比摩阻较大。④传统供热系统主干线计算总压降占热源循环水泵扬程的比例较高。

由此可见，动力分布式技术在供热系统的节能方面已经分析得比较深入，但并不能完全适用于通风系统的分析，如通风系统中主风机与支路风机效率差异较大，主风机与支路风机的匹配情况不同，系统能耗会发生很大改变，还需根据通风系统的特性进行具体分析。

1.3.3 系统管网特性

研究者在十分关心动力分布式技术节能性能的同时，也十分关心其管网特性，尤其是水力稳定性，这也是保证管网系统稳定可靠运行的标志。这类研究对管网特性重点分析的是水力稳定性，已有的研究表明采用动力分布式技术通过设备选型与控制系统可以保证水力稳定性。对于动力分布式通风系统，在考虑需要将用户自主调节作用加强，用户调节能力作用大小将严重影响系统的稳定性，此时更需要保证系统稳定性。

为此，在 2000 年，秦绪忠[8]分析了采用分布式变频加压泵系统的水力稳定性，并认为在设计合理的前提下，这种系统形式既可以节省运行费用，又能提高系统的稳定性。2005 年，陈亚芹[9]采用空调供热输配系统水力计算软件 HACNET 和 Matlab 编程进行模拟分析计算，表明采用分布式变频热网运行方式零压差点位置选择负荷集中处稍偏前的地方，有利于提高系统的经济性，且当主循环泵采用平坦型，用户加压泵采用陡峭型时，对提高系统的水力稳定性最为有利。2011年王芃、邹平华[10]为了研究分布式水泵供热系统的水力工况和运行能耗，提出以零压差点作为该系统的水力标志，利用它与热源之间供、回水管段的总阻力损失分析管网中多个零压差点的分布，同时唯一确定了系统循环水泵的配置和压力分布。

由此可见，如何选择并调节多动力源的匹配运行是保证系统水力稳定性的关键。设计中，需要重点考虑动力特性（陡峭型、平坦型）与多动力源之间的匹配运行。而在通风系统中，还需要重点深入分析系统的调节需求，并在此基础上分析其系统的稳定性。

1.3.4 研究现状评述

相比于空调水系统或热水管网系统，动力分布式技术仅仅在变风量空调系统有所应用，整体而言，在通风系统的应用不多。这主要是因为，通风系统能耗相对而言并不高，并且相对于温湿度感觉而言人们对室内空气品质还不够重视，同时受限于小功率风机的变速性能。随着社会的发展，人们对空气质量的迫切需求，整个社会环境的节能意识的提升以及小功率风机变速技术的发展，其应用必将越来越广泛与深入。尽管研究的对象不同，但针对已有研究，依然可以发现共通之处，并值得动力分布式通风系统研究借鉴与参考：

1) 节能。合理的动力分布式技术，在各类系统中均有节能效果，特别是针对部分负荷的供热系统。这也是得益于风机水泵的调速技术的发展，相应在通风系统当中也会得到很好的节能效果。

2) 通过合理设计选型与系统控制，系统水力稳定性可以得到保障。这也是针对系统动态需求状况所面对的问题，通过合理设备选型与系统控制，这种难题可以得到较好的解决。

3) 系统设计与设备选型难度加大。在进行管网设计时要考虑系统的动态变化，此时，对经济与节能之间的平衡更需要深入考虑。由于动力分布式技术是多个动力源的配合使用，且要适应系统的动态变化，这就致使动力的选择难度增大、数量增多。

4) 增设大量泵或风机，系统投资可能增大，同时可靠性还需保证。不同于应用成熟的阀门技术，采用动力分布式技术，对动力源的要求也与以往有所不同，这就可能增加系统投资，同时在实际应用中系统的可靠性还需逐步得到检验。当然随着理论研究、产品开发、实际应用的深入，系统投资与可靠性会最终稳定下来。

第2章 建筑通风需求、功能与技术

2.1 建筑通风需求与功能

2.1.1 通风是建筑的第一需求

建筑通风最简单的定义是室内外空气的交换,是借助换气稀释或排除室内污染物的手段,用来实现室内空气环境质量保障的一种建筑环境控制技术。通风量就是室内外空气的交换量,如图2-1所示。建筑通风的主要意义为:①排除室内污染物和余热余湿,保证室内良好的空气品质。②减少空调系统的开始运行时间,降低建筑能耗。

从历史发展来看,人类是从自然空气环境中进化而来的,因此天然就与自然有密切的关联;从人的生理角度看,呼吸自然环境中的空气是人体生存的第一需要;从现代人类活动来看,人们80%以上时间生活在建筑中。因此通风对建筑的意义非常重大,没有通风的建筑,不能生存;通风不良的建筑,有损健康;通风良好的建筑,才有舒适感可言。这里需要特别强调

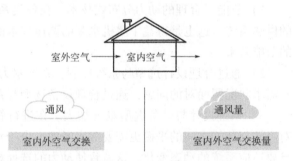

图2-1 通风与通风量示意图

的是,由于室内空气污染物众多,还有很多从科学上尚未明晰,因此所谓"净化"的室内空气不能完全替代室外空气。

2.1.2 新风系统是民用建筑通风工程的核心

通风的基本任务是保障室内空气质量,通风系统的形式主要有新风系统和排风系统,两者构成通风系统。下面就通风中的污染物质量平衡进行分析,如图2-2所示。

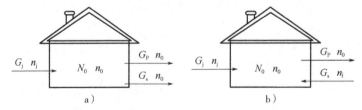

图2-2 通风污染物质量平衡图

其中,G_j 为进风量;G_P 为排风量;G_s 为渗透风量;n_j 为进风中的污染物浓度;n_0 为室内空气中污染物浓度;N_0 为室内污染物散发量;G 为通风量。

$$G_p + G_s = G_j = G \tag{2-1}$$

$$n_j G_j + N_0 = n_0 G_p + n_0 G_s \tag{2-2}$$

$$n_0 = (n_j G_j + N_0)/(G_p + G_s) \tag{2-3}$$

$$n_0 = n_j + N_0/G \tag{2-4}$$

对于建筑中某种空气污染物 N，可以从进风量和排风量的两种关系进行分析。

第一种情况是：进风量 $G_j >$ 排风量 G_p，如图 2-2a 所示。

根据空气质量平衡公式 $G_p + G_s = G_j$，因此通风量就是进风量，或者说是排风量与房间渗透风量之和。

基于此关系式，再结合空气污染物质量平衡方程可得：

$$n_j G_j + N_0 = n_0 G_p + n_0 G_s \tag{2-5}$$

进而可以推导出室内污染物浓度：

$$n_0 = (n_j G_j + N_0)/(G_p + G_s) \tag{2-6}$$

即：

$$n_0 = n_j + N_0/G \tag{2-7}$$

第二种情况是：进风量 $G_j <$ 排风量 G_p，如图 2-2b 所示。

$$G_j + G_s = G_p = G \tag{2-8}$$

$$n_j G_j + n_j G_s + N_0 = n_0 G_p \tag{2-9}$$

$$n_0 = (n_j G_p + N_0)/G_p \tag{2-10}$$

$$n_0 = n_j + N_0/G \tag{2-11}$$

根据空气质量平衡公式 $G_j + G_s = G_p$，因此通风量就是排风量，或者说是进风量与房间渗透风量之和。

同样可以推导出室内污染物浓度：

$$n_0 = (n_j G_p + N_0)/G_p \tag{2-12}$$

即：

$$n_0 = n_j + N_0/G \tag{2-13}$$

从这两种情况推导出的室内污染物浓度公式可知，室内污染物浓度与进风的污染物浓度、室内污染物散发量和通风量有关。这构成了室内空气质量的三大影响因素。以进风的污染物浓度进行分析可知当 n_j 超标，n_0 超标；当 n_j 不超标，n_0 仍可能超标。因此进风的污染物浓度对室内污染物浓度具有基础性的影响。

进一步，可以推导出以下几个结论：

第一点，进风浓度不超标是保障室内空气质量的必要条件。

第二点，新风系统的基本功能是向室内提供不超标的室外空气。

第三点，新风系统不能单独承担保障室内空气质量的全部责任。

第四点，室内产生的污染源 n_0，依靠排风系统直接排除或通风量 G 稀释后排出。

因此可得知新风系统对室内空气污染物浓度影响之大，新风系统在通风系统中具有核心作用，需要重点关注，做好运行。同样也存在着局限，所以必须与排风系统联合运行。

2.1.3 健康舒适对新风系统的功能需求与区域差异

建筑需要健康舒适的环境，这种健康舒适需求又对新风系统提出了功能需求。主要体现在以下几点：

1）全年为建筑保持提供新风量，这是人员健康呼吸的基本需求。

2）当室外空气污染时提供符合空气质量标准的新风。

3）在潮湿季节提供干燥的新风。

4）在干燥季节提供湿润的新风。

5）在寒冷季节提供温暖的新风。

6）在炎热季节提供凉爽的新风。

这些需求具体表现在不同气候区域存在着差异，进而对新风系统空气处理提出了功能需求。表2-1为不同气候区新风处理需求表。

表2-1　不同气候区新风处理需求表

区域	需求功能				
	加热	降温	加湿	除湿	净化
严寒	√		√		大城市和城市群区域
寒冷	√	√	√	√（华北）	
夏热冬冷	√	√		√	
夏热冬暖	√	√		√	
温和地区	√			√	

我国气候分区分为寒冷地区、严寒地区、夏热冬冷地区、夏热冬暖地区和温和地区，不同的区域新风系统空气处理功能需求显然不同。对于严寒地区，需要加热、加湿；对于寒冷地区，需要加热、降温、加湿和除湿；对于夏热冬冷地区和夏热冬暖地区，则需要加热、降温和除湿；对于温和地区，需要加热、除湿。这些需求，有时候是联合需求，有时候是单个的需求，随着各地区的气候变化而变化。这里尤其需要说明的是，对于大城市和城市群区域，由于室外空气质量的特点，各个气候区均需要对新风进行净化处理。由此可以看出，各区域的新风系统功能构成不同。这对新风系统的运行调控奠定了基础。

所以说，通风是建筑的重要需求，在建筑运行时需要秉持通风优先的室内空气环境营造理念，并根据气候区的气候特点及环境空气质量特点，制订适宜的新风系统的功能构成，并根据具体的动态气候条件和室外空气质量条件进行良好的调控。

2.1.4　新风系统各功能需求的同时性与转换

1. 新风系统空气处理功能需求的同时性

前面分析到，健康舒适对新风系统的功能需求与区域存在着差异。具体来说就是存在加热、降温、加湿、除湿和净化的功能需求，存在着严寒地区、寒冷地区、夏热冬冷地区、夏热冬暖地区和温和地区的区域差异。这些差异要求建筑通风系统在不同的地理区域的运行应根据各自区域的特点进行调节；要求在同一区域一天中的不同时间和不同季节进行动态调控。当然也存在着新风系统空气处理功能需求的同时性问题，即加热、降温、加湿、除湿和净化的功能需求是否同一时间存在，还是同一时间存在几种？只有研究清楚了这些，才能更好地进行建筑通风系统的运行调控。

表2-2 为新风处理需求的同时性，显示了不同新风处理功能存在的同时性情况，表中的0 表示几乎不可能，1 表示完全可能，"较大"和"较小"均表示出现的可能性程度，但不代表一定就出现或不出现。比如，对于加热和降温需求的同时性，则其出现的可能性很小，而对于加热与加湿的可能性就很大；对于加湿与除湿的同时可能性就几乎不存在，而降温除湿的同时可能性几乎肯定存在。这个需求同时性的关系可为通风系统的功能需求及调控奠定很好的基础。

表 2-2　新风处理需求的同时性

处理功能	加热	降温	加湿	除湿	净化
加热	1	较小	较大	~0	较大
降温	较小	1	~0	~1	较小
加湿	~1	~0	1	0	较大
除湿	~0	较大	0	1	较小
净化	较大	较小	较大	较小	1

注：表中数字前的"~"表示接近于。

2. 新风系统功能转换

新风系统具有多种功能的模块，有加热、降温、加湿、除湿和净化模块。既然实际建筑的功能需求是多重的，且还在不断变化中，因此在通风系统的运行中就会存在功能的转化。新风系统在实际运行时，取决于室外空气状态参数，比如当室外温度高、湿度大、空气PM2.5 高的时候就需要开启降温除湿和净化功能模块。在夏秋过渡季节，白天温度较高，需要进行降温除湿，而晚间温度相对减低，则可能不需要降温除湿，仅需要把室外空气引入室内进行通风换气即可。这就要求新风系统的功能由在白天的降温除湿转到晚间仅需开启风机通风的转换，这样的转换是通风系统运行中可靠的基础。因此功能转换是新风系统必备的调控性能。

一年中多数时间需运行新风系统，当室外空气质量良好，热湿状态处于热舒适区时，具备开窗条件的建筑可停止运行新风系统，这是一年中维护保养新风系统的宝贵时间，也是保障新风系统持续良好运行的关键。没有这段时间的很好的维护保养，就不能够实现良好的通风系统功能。

2.1.5　新风系统必须融入通风工程联合运行

1. 完整的通风工程构成与流体力学特征

新风系统承担冷热湿空气品质和洁净度的处理，但单个新风系统不能构成通风系统，新风系统必须融入通风工程联合运行。因为对于一个空间来说，有送风有排风才能形成通风。对于建筑来说，特别是住宅，厨、卫等排风系统已经普及，随着建筑节能发展、绿色建筑的普及，建筑的门窗气密性有了极大的提升。在这种情况下，若把新风系统、厨卫排风系统各自单独运行，则存在比较严重的后果。比如仅运行排风系统情况，随着排风系统的运行，室内气压下降，新风系统若不开启，由于围护结构的密闭性，没有进风的通路，排风系统也不能够很好地将污染气体排出室外；若新风系统开启而且不能够与排风系统运行风量匹配的话，排风量大于新风量，则有部分风量通过围护结构渗入室内，这部分的风量是未经过处理的，会使得室内空气质量下降。

2. 动力分布式通风网络的一种风量调控逻辑

完整的通风工程构成应包括新风系统、厨卫各种污染空间的排风系统、门窗缝隙等渗风系统和维持室内正压力的补风系统。这四大系统协调运行，构成了动力分布式通风网络，并在流体力学基本特性下运行。所以动力分布式通风网络是保障室内环境非常重要的通风系统，通风系统的运行必须融入这个网络之中。实际上，动力分布式通风网络的一种风量调控逻辑，主要体现在：

第一，根据防止室外污染空气、寒冷空气、热湿空气渗入的需求设定居室正压值。

第二，根据新风量需求和设定的居室正压值，确定新风系统风机的运行工况点。

第三，根据控制厨卫等室内空气污染物的需要，运行厨卫排风系统。

第四，当居室正压值小于设定值时，补风系统增大风量；当居室正压值大于设定值时，补风系统减小风量。

第五，补风位置应在排风区内。只有这样，通风系统不管是送风和排风才能协调有序运行，创造良好的室内环境，不会破坏居室的有序气流流向。

3. 新风系统运行维护的关键是"及时"

对于通风系统来说，除了良好正确地运行之外，系统地维护也是保障系统能持续良好运行的关键。对于新风系统来说，运行维护的关键是"及时"。这主要体现在：

第一，新风系统中的各种空气处理部件的功能寿命是短暂的，需要及时再生或更新。比如说，新风系统中的空气过滤净化器，随着新风系统的运行，过滤净化器上过滤了很多灰尘等杂物，如果不及时更换，则反而成了一个污染源，对新风造成二次污染。

第二，"及时"并不等于"定时"。不同建筑的新风系统具有自己的工程特性，具体体现在：①各建筑外的空气质量、热湿状态有明显差异。②各建筑的使用情况也有明显差异。③以上两种情况造成安装在不同建筑上的相同新风系统的功能衰减时间不同，定时再生或更新，极可能造成新风质量不能保证或浪费功能部件、增加人工。因此需要针对具体的新风系统进行及时维护保养方能达到预想的效果。

第三，需要"实时监测"新风系统的新风质量，监测数据将成为大数据，监测也能发现运行存在的问题，便于后期更智能运行。

第四，需用大数据进行分析，发现"及时"再生或更新的规律，更好地指导运行调控。

2.1.6 新风行业需要高科技

对于通风系统来说，运行不是简单地开关通风机的问题，不仅涉及基于流体力学的送风排风与补风的动力分布式系统协调控制，而且还需要高科技的手段来解决通风运行管理的各种问题。把之前通风系统中人工的部分转化成智能的智慧的运行管理，因此高新技术在通风中有很大的用武之地。主要体现在：①各净化与热湿处理的功能部件需要高新科技。②实时监测，物联网＋大数据。③室外空气质量与热湿状态识别与功能转换。④及时服务，大数据分析与诊断。⑤智能化，减少运维、服务人工费。

所以通风系统是新风系统和排风系统的协调运行，只有这样方能实现健康舒适节能的通风需求；同时为了保证健康舒适的节能运行，需要对通风系统进行维护保养，除了传统的维护保养技术与手段，更呼唤新时代的大数据、物联网等高新技术。

新风系统需要进行加热、降温、加湿、除湿和净化，不同的气候区域，这些需求均有差异。对于通风系统来说，除了根据需求对空气进行处理外，还涉及风量的输配、末端气流组织等内容。从输配系统形式上来看，主要有动力集中式和动力分布式两种。

2.2 动力集中式通风技术

2.2.1 系统定义

传统的机械通风系统设计，往往是动力集中式系统，即一台送风机或排风机提供管网动力，将空气按设计需要风量通过风管送到不同房间，或从不同房间吸入空气，通过管网集中排到室外。动力集中式通风系统的动力是集中的，往往一个系统承担了许多独立空间的送风或排风，因此当某个末端送风量或排风量需求变化时，只能调节唯一的风机，这就造成了在其他风量需求没有变化的区域，其风量也发生了改变。

对于动力集中式通风系统，风机的余压是根据最不利环路确定的，其他支路的资用压力就会有富余，越靠近动力源，富余量就越大，对于这些富余压头，只能靠增大阻力的方法消耗。最不利支路的流量往往只占系统总流量很小的一部分，而为了这一小部分的流量，其他流量也只好通过风机达到较高的压头，再用阀门消耗掉多余的部分，这造成了很大的能量浪费。只要是动力集中式通风系统，并且具有多个支路，在设计工况下，调节阀能耗就占有颇高的份额。在调节工况下，改变动力的集中调节虽然减少了向系统投入的能量，但阀门能耗所占的份额并没有改变。节流方式的集中调节和局部调节都将使阀门能耗增加，根本原因是系统动力的集中。因此总的来说，动力集中式通风系统在应用上存在一定的弊端，主要有下面几点：①通过风阀实现管网阻力平衡，阀门耗能。②末端风量一般难以很好地按需求进行调控。

2.2.2 系统分类

动力集中式通风系统存在着定风量和变风量两种形式。

1. 动力集中式定风量系统

对于定风量系统，通常由主风机和末端的定风量阀组成，如图 2-3、图 2-4 所示。末端采用自平衡风口或恒风量模块，风机采用直流无刷风机，在风机出风口处设置风量传感器，按设计要求设定需求控制的风量，当风量传感器检测到风机送风量偏离设定风量值时，将信号反馈至风机控制器，控制器根据需求调节风机电动机转速，控制风机送风量为设定风量。

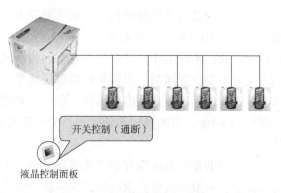

图 2-3 动力集中式定风量通风系统一

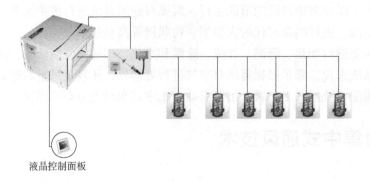

液晶控制面板

图 2-4　动力集中式定风量通风系统二——自平衡自适应

这里面的核心部件是自平衡风口或恒风量模块，如图 2-5 所示。其原理是通过平衡器中的硅胶气囊感应流经风管的气流，根据不同静压自动收缩或膨胀来实现风量恒定。当进（排）风、出（送）风口处空气静压增大时，气囊便开始膨胀，从而减小气囊周围的间隙和通风截面面积，当进、出口处空气静压减小时则反之。该模块可以在 - 10 ~ 60℃ 环境中使用，保证流量的波动范围不超过额定流量的 10%。

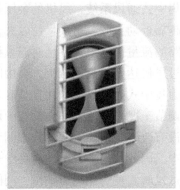

图 2-5　末端恒风量模块与自平衡风口

恒风量装置的特点：①调试简单。不需要电力或气动控制，在通风系统中省去了现场调节风量的麻烦。②安装简单。恒风量调节模块能够安装在标准圆形风管里，安装简便。外面一圈密封圈确保了安装密封性，一组金属簧片能确保安装到位。

定风量阀是自动机械机构，无需外部动力。定风量阀在送、排风系统中均可应用，工作温度一般为 10 ~ 50℃，压差范围为 50 ~ 150Pa，即阀门前与阀门后至少应有 50Pa 压差，否则定风量阀门不能工作。这点应注意，因为新风系统新风机组的风压值一般都不大。定风量阀安装时不受位置限制，但阀片轴应保证水平，一般要求有阀门长边 1.5 倍距离的直线入口风管及 0.5 倍距离的直线出口风管。定风量阀控制精度高，有外部指针显示流量刻度，调节精度约为 ±4%，限流机构无须维护，为与系统配套，矩形、圆形、保温、消声型定风量阀均可选择。

然而有的普通系统没有通过传感器来调节主风机，主风机一般是定速风机。因此此类的通风系统，一般只需要在系统调试时一次性完成即可。

2. 动力集中式变风量系统

动力集中式变风量系统如图 2-6 所示。在该种变风量系统的应用情形中，一种情形是系统服务区域风量需求及变化一致，此时可调节主风机。另一种情形是在各个末端设置变风量调节阀，根据末端的新风量需求通过风机和变风量风阀进行调节。动力集中式通风系统可实现双速（多速）的工况调节，这样一方面满足常规新风量的需求，同时也满足了过渡季节的通风需求。

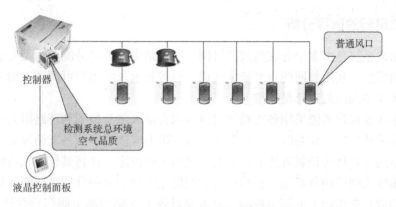

图 2-6　动力集中式变风量系统

对于变风量系统，其本身就是一种节能系统，一方面主风机设备可选用节能设备，另一方面可通过运行控制，进行风机的调速实现节能。

变风量系统的一种控制方式是根据空气品质传感器集中控制，如图 2-7a 所示；另一种方式是通过预设风机运行风量曲线控制，如图 2-7b 所示。

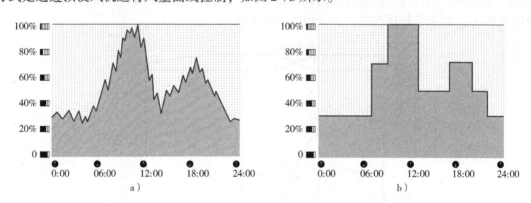

图 2-7　控制方式曲线
a）传感器控制曲线　b）预设曲线控制

当采用空气品质传感器系统时，传感器监测室内空气品质，根据系统总环境的空气品质按需自动调节主风机风量，使室内始终达到良好的空气品质环境。这种调节属于反馈调节方法。由图 2-7a 可以看出，从 0 点到 24 点，风量是在不停地动态调节，实现了按需无极调节。

当采用预设风机运行曲线控制时，可根据实测的环境相对固定运行数据、软件设定运行曲线，也可以根据实际需要修订各时段运行比例。这种调节属于前馈调节方法，需要对末端风量的需求有较好的把握。从图 2-7b 可以看出，从 0 点到 24 点，风量是在阶跃地调节，在某段时间内风量会保持相对的稳定。

总的来说，动力集中式通风系统比较简单。对于节能调节来说，主要涉及总风量的变化调节，也就是主风机转速的调节。通过主风机转速实现风机能耗的降低。另外就是可以在过渡季节增大主风机转速，进行热舒适通风，减少空调系统的开启。同样，在疫情发生时，也可以增大风量稀释可能存在的细菌或病毒浓度，减少感染。

2.2.3 调节风阀的选择分析

动力集中式系统是由多个分支组成的管网。各支路中的流量分配要满足要求，首先是通过设定不同的管径，利用管网的自平衡来实现，但若要求末端用户可调节，则需用调节阀来完成。因此各支路阀门的选择是关键。

动力集中式变风量系统采用各支路逐时风量综合最大值及最不利环路阻力作为主风机选择的依据，在计算最不利环路时，主风管某一段的阻力应依据下游各支路风量的逐时综合最大值确定。采用干管静压控制方法，设定某一点的压力恒定，并将其作为风机转速控制的依据。在动力集中式阀门调节系统中，核心关键问题是阀门的可调性能。要使得各支路流量控制在正常范围内且获得稳定的调节控制，就需要对各个支路的调节阀门特性进行合理选择，使之更好地适应控制环路和特定的运行工况。

调节阀的静态特性定义为在恒定压差下阀门的风量与阀门开度之间的关系，两者均以百分数表示。常规的阀门特性有线性、等百分比、快开、抛物线形等。

调节阀通常用阀权度来衡量其流量特性。在阀门全开时，压差 Δp_{min} 等于支路总资用压差 Δp_{max} 减去末端风口与管路及其他附件的压力降；在阀门全部关闭时，流量为零，支路总资用压差 Δp_{max} 就全部作用在阀门上，如图 2-8 所示。

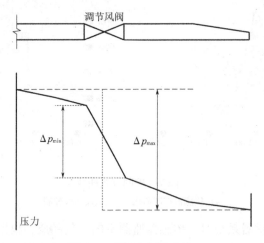

图 2-8 管路中压力变化

由于阀门的静态特性是在阀门两端压差恒定的条件下定义的，即 Δp_{max} 恒定，阀门的阀权度定义为 $\beta = \Delta p_{min}/\Delta p_{max}$。但是在动力集中式可调新风系统中，即使同样的阀门，但其支路总资用压力不同，即阀门两端的压差是不恒定的，这就存在调节阀的实际特性与静态特性不一致。为了在设计时就能很好地考虑后期的运行调节，定义阀门动态阀权度为 $\beta' = \Delta p_{min}/$

Δp，其中 $\Delta p_{\min}$ 为阀门全开时在设计流量下的压力降，Δp 为阀门所在支路实际的资用压力。阀门所在支路的实际资用压力 Δp 通常大于 $\Delta p_{\max}$，这就使得阀门实际运行时的性能曲线会偏离静态时的性能曲线。图 2-9 为某一阀门动态阀权度下的流量特性曲线。

由图 2-9 可知，同一个阀门，即静态阀权度确定的情况下，实际运行时的阀权度不同，流量特性也不同，图中按阀权度大小排序为 $\beta > \beta_1' > \beta_2' > \beta_3'$。显然 β 曲线调节性能优于 β_1'、β_2' 和 β_3'。

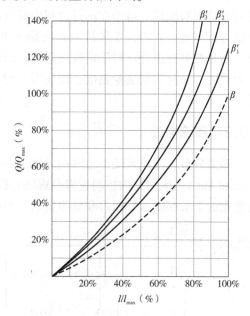

图 2-9　某一阀门动态阀权度下的流量特性曲线

对于动力集中式系统，除了最不利环路的实际资用压力 Δp 可能等于 $\Delta p_{\max}$ 外，其他支路的实际资用压力 Δp 通常均大于 $\Delta p_{\max}$。若在同样的支路风量需求特性及相同的支路阻力特性前提下，选择同样的阀门，它们的流量特性是不同的，越靠近主风机，调节性能越差，越远离主风机，调节性能越好。因此在动力集中性可调风量系统中，首先应确定压力控制点，然后推算各支路的入口压力，初选阀门型号，进而得到各个支路的动态阀权度，利用动态阀权度下的流量特性曲线及系统运行调节要求校核初选阀门是否满足调节要求，若满足调节要求则设定不同流量要求下的阀门开度并作为运行控制的依据，否则重新选择阀门。

2.3　动力分布式通风技术

2.3.1　定义

动力分布式通风系统（Distributed Fan Ventilation System）与动力集中式通风系统相对应，就是促使风流动的动力分布在各支管上而形成的通风系统，如图 2-10 所示。也就是除了主风机外，在各个支路上也分别设有支路风机，支路风机可根据所负担区域的实际需求进行调节，主风机根据各个末端的新风需求的总和进行调节。主风机承担干管输送，末端分布风机承担对应支管的输送，而且"分布风机"并非必须设在末端，可以设在支路上任何便于安装、检修的地方。每个支路风机所负责的区域可实现自主独立调节新风量，从而节省了风阀阻力的能耗。

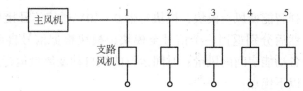

图 2-10　动力分布式通风系统示意图

对于流量需经常调节的系统，主风机和各支路风机均应采用可调速风机，对风机的转速实行自动控制，即对各支路的动力进行实时分配，需要多少，给予多少。因为系统中流量的调整和调节均通过对风机的变速控制来实现，所以各支路可不设调节阀。没有调节阀，也就没有调节阀的能耗。对于在运行过程中流量不改变的系统，则可采用固定转速的风机或不对风机进行调速。显然，主风机与各支路风机的压力，对于满足系统要求来说，不只一种组合，而是有多种组合。对于定流量系统，最好的组合主要应当从经济上考虑，即以工程投资小为原则。而对于变流量系统，还应当考虑系统的稳定性，即尽可能减弱各支路间的干扰和影响。

2.3.2　系统构成

动力分布式通风系统由主风机（Main Fan）、支路风机（Branch Fan）（或分布风机 Distributed Fan）、无冲突的控制逻辑及成熟的控制软件、空气品质传感器、人性化的控制面板、智能化的集中控制台、风口和低阻抗的管网组成，如图 2-11 所示。

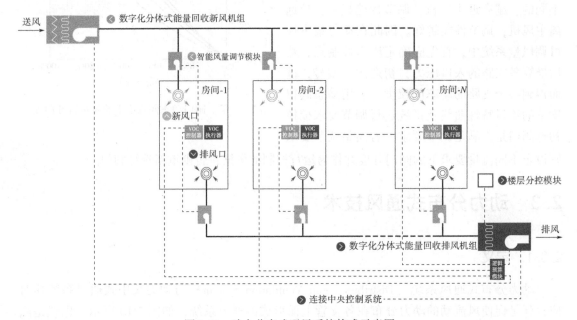

图 2-11　动力分布式通风系统构成示意图

主风机往往是数字化节能风机或空气处理机组，这种风机的电动机为内置控制系统的直流无刷外转子电动机，具有 $0 \sim 100\%$ 无极调速，零电流软启动功能，比传统风机节能 40% 以上。因此主风机的调控非常简单便捷，只需要对应的控制信号即可调整风机转速从而调整风量。

支路风机往往选择智能变风量模块，模块自带 $0 \sim 10V$ 通信信号接口，可通过传感器感应室内的空气品质，然后分别返回一个信号至模块，模块根据信号自动调整风量大小或开关，或者也可以根据各功能房间的风量、时间运行曲线自动变风量运行。

变风量模块具有以下优点：

1）变风量调节模块带有一定余压，可减小系统主机所需余压。

2）采用了数字控制系统，风量平衡方便，系统调节容易，运转稳定。

3）变风量调节模块可配空气品质或压差传感器，可以根据不同房间的使用要求，根据房间的空气品质或压差变化，自动同步调节送排风量。

4）具有节能性高、体积小、噪声低、安装方便、免维护等优点。

2.3.3 系统特点

其技术内涵为：采用高效率、低噪声、无级调速的高性能风机，不影响配电品质的可靠的无级调速技术，高适应性的、个性化的调节策略，无冲突的控制逻辑及成熟的控制软件，低阻抗的管网设计，高可靠度、高能效的分布式动力（主、末端风机群）配置和专用的调试技术等。系统特点为：

1）节能性高。采用节能智能风机，部分风量需求时，智能调节风机转速，大大降低了风机能耗。

2）可调节性好。可实现单个房间的风量调节和启闭。智能化控制室内空气品质，满足个性化风量需求。

3）室内空气品质高。设置空气品质传感控制系统，可根据室内空气品质调节风量。

4）智能化程度高。可设置就地和集中控制系统。可通过专用软件及智能控制管理平台实现单台或多台集中远程控制、管理和能耗在线监测，实现智能化运行管理。

2.3.4 分类

动力分布式通风系统有广义和狭义之分。根据是否有实体通风管道分为有风管的动力分布式通风系统和无风管的动力分布式通风系统。在某些情况下，动力分布式通风系统可以全部或部分取消实体风管，仅依靠建筑空间作为流通通道。我们通常把这种无风管的动力分布式通风系统称为广义的动力分布式通风系统，把有风管的动力分布式通风系统称为狭义的动力分布式通风系统。

根据输送空气的内容可以将动力分布式通风系统分为动力分布式新风系统和动力分布式排风系统。以新风系统为例，动力分布式新风系统根据主风机设置情况可分为有主风机和无主风机的动力分布式新风系统。

有主风机的动力分布式新风系统根据风量可变特性可分为定风量、部分末端变风量和所有末端变风量的新风系统。三种系统示意如图 2-12 ~ 图 2-14 所示。

无主风机的动力分布式新风系统根据风量可变特性可分为定风量和变风量新风系统。依据支路风机是否调速分为定风量和变风量系统，系统如图 2-15 所示。

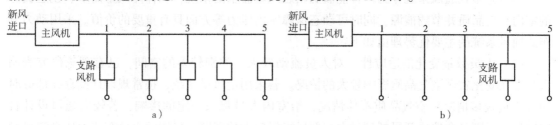

图 2-12 动力分布式定风量新风系统（主风机、支路风机均不可调速）

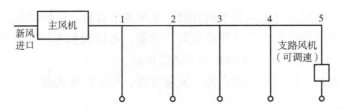

图 2-13　动力分布式部分末端变风量新风系统（图中支路风机 5 可调速）

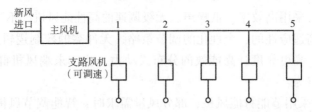

图 2-14　动力分布式变风量新风系统（主风机、所有末端支路风机可调速）

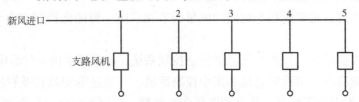

图 2-15　无主风机的动力分布式新风系统

实际上，动力分布式通风系统中的动力可分为由风机产生的机械动力和由重力产生的作用力。重力产生的作用力主要由于通风道内外空气密度差及相应高差而产生，这在竖向通风烟囱中可明显体现，只要竖向通风道中的空气密度与外界有差异且具有一定的高差，则会产生重力驱动力，这样就会在竖向通风道中依次形成串联的重力产生的动力分布式通风系统。风机产生的机械动力和重力产生的作用力的不同主要体现在：风机产生的机械动力与风量不是线性关系，可以认为是一元二次关系，而重力产生的作用力与风量无关系，是一水平的直线关系。

2.3.5　与变风量空调系统的比较

动力分布式系统形式与变风量空调系统中的风机动力型变风量末端形式有相似之处，表现为各个末端都带有风机，而其实质原理是不同的，表 2-3 为两种形式的差异。

2.3.6　系统应用优势

动力分布式通风系统作为一种能满足动态风量需求的系统，在保障风量需求、创造良好的室内空气品质并节约能源、同时可动态保障室内压力等方面具有重要的价值。采用动力分布式通风系统的主要优势理由如下：

（1）人员数量变化的适应性　对人员流动较大、类别较多的空间，已有理论研究表明人员存在变化较多空气品质影响较大的情况。若采用定风量系统，按常规设计则存在部分时间（人员较多情况）空气品质不佳情况，给室内人员带来一定的影响，若较大通风设计且定风量运行则又会造成新风处理量大，新风能耗较大的问题，采用动力分布式通风系统可同时弥补上述两者的缺点，在创造良好的空气品质的同时节约能源。

表 2-3　风机动力型变风量末端与动力分布式通风末端差异

类别	风机动力型变风量末端装置 （Fan Powered BOX/FPB）		动力分布式通风末端装置 （Distributed Fan Terminal/DFT）
	并联式（Parallel Fan Terminal）	串联式（Series Fan Terminal）	分布风机（Distributed Fan）
基本结构			
原理	增压风机与一次风调节阀并联设置，经集中空调器处理后的一次风只通过一次风阀而不通过增压风机	增压风机与一次风调节阀串联设置，经集中空调器处理后的一次风既经过一次风调节阀，又经过增压风机	根据房间通风需求，调节风机转速（客观或主观控制），总风量全部经过风机
运行模式	1. 送冷风且当室内冷负荷较大时采用变风量、定温度送风方式（冷负荷大时，增压风机不运行，增压风机出口处止回风阀关闭，开一次风调节阀） 2. 送热风或送冷风。当室内冷负荷较小时采用定风量、变温度送风方式（负荷小时，关小一次风调节阀，开启增压风机，抽取吊顶内的风）	始终以恒定风量运行（也称定风量末端装置） 1. 供冷时，开启一次风调节阀，此时送入房间的风量为一次风风量＋增压风机从吊顶抽取的二次回风量 2. 负荷减小，一次风阀关小，直至最小 3. 供热模式：一次风阀最小，辅助加热器开启	1. 分布风机并非必须设在末端，可以设在支路上任何便于安装、检修的地方 2. 可根据室内的风量需求调节风机转速满足室内空气环境的需求 3. 分布风机与主风机之间通过关联调节保障新风的动态需求和节能

（2）新风分配的均匀性　常规动力分布式通风系统由于不存在末端可调动力装置，往往会存在靠近主风机的房间新风量大、远离主风机的房间新风量小的情况，形成了较为严重的风量不平衡现状。动力分布式通风系统末端增设可调控动力末端，且该末端采用智能适应机理，智能适应管网的阻力特性，达到不管距离主风机距离怎么变化，风量始终稳定、恰到好处地达到需求，解决了风量输配的不平衡问题。

（3）终端效果的保障性　传统的新风系统是以"风量"作为参数进行设计和调控的，实际上"风量"这一参数是中间参数，并不是室内空气品质的终端参数，室内空气效果终端参数主要是 CO_2、VOC 等参数。动力分布式通风系统是以室内空气品质的终端效果参数作为控制参数，动态调整风量以满足室内空气品质的要求，是可动态调控的变风量系统。动力集中式系统却一直保持设计风量输送，无法根据终端效果而调整风量。

（4）室内空气压力的保障性　常规的新风系统只关注送入新风量，排风系统往往采用卫生间换气扇进行间歇排风，这种系统没有考虑到室内的空气压力特性。动力分布式通风系统采用可变送风和排风的动力末端，排风和送风联动调节，可形成稳定的压力梯度设计，有效了保障建筑楼层区域的空气有序流动。

第3章 动力分布式通风系统的性能

动力分布式通风系统的性能主要有节能性、可调性、稳定性和自适应性。

3.1 节能性

动力分布式通风系统的节能性可以从以下几个方面进行考虑：

1）输配系统的节能。由于采用动力分布式，避免了阀门能耗损失，从而减少了输配能耗。

2）节省风机能耗。采用了动态通风的理念，应用直流无刷电动机，实现良好变速运行，大大减少风机能耗。

3）节省采暖空调能耗。一方面，由于采用了动力分布的输配方式，整个管网的压力降低，管道漏风量也相应降低，从而减少热湿处理后的新风被无益地损耗。另一方面，通过变流量运行，实现通风季节的通风需求，从而缩短采暖空调运行时间，达到节能的目的。

3.1.1 调节方式与节能

1. 两种输配调节手段

在进行通风设计时，各区域通风口以及通风量确定后，再确定通风管网布置，这就完成输配管网风量的初步分配。但由于初步设计的管网可能各环路阻力损失不一致，由此会造成各个风口的通风量不能达到设计要求，为此还需要通过以下两个手段进行输配调节：

（1）在风压过大处加调节阀门 对于动力集中式通风系统的设计，《民用建筑供暖通风与空气调节设计规范》（GB 50736—2012）第6.6.6条做了以下规定：通风与空调系统各环路的压力损失应进行水力平衡计算。各并联环路压力损失的相对差额，不宜超过15%。当通过调节管径仍无法达到上述要求时，应设置调节装置。

调节阀的作用是增加阻力，以消耗多余部分压头，实现调节流量的作用，调节阀所消耗的压力占总的压力损失比例越大，调节性能越好。这样，要获得较好的调节效果就需要消耗风机更多的电能。由此可见，调节阀在风压过大的支路调节性能更好，表明调节阀在耗能的同时有一定的适用条件。

（2）在风压不足处加支路风机 动力分布式通风系统在解决各并联环路压力损失不平衡问题时优先选用支路风机，此为动力分布式通风系统的主要特点之一，可以在减少系统输配能耗的同时，避免主风机选型过大。支路风机与调节阀的作用相反，它提供风压，适用于压头不足的支路。

2. 主风机与调节方式的组合

两种输配调节方式均有一定的适用前提，取决于管网的各并联环路的阻力损失与主风机压头的差值。若主风机提供压头大于环路的阻力损失，则需在该环路末端支路处添加调节阀门；若主风机压头不足以克服环路阻力损失，则在该环路支路处添加支路风机以弥补不足压头。为此，对于特定管网系统可能存在以下四种主风机与支路输配调节的组合方式：

（1）只需要主风机 此为通风系统各环路的压力损失比较平衡，主风机的选型刚好满足各环路阻力损失的状况。计算通风系统能耗时只有主风机能耗。

（2）主风机配备支路调节阀门 各环路阻力损失不平衡，主风机选型满足最不利环路阻力损失，此时其他环路根据不平衡率情况添加支路调节阀门。通风系统能耗只有主风机能耗。

（3）主风机配备支路风机 主风机压头只满足最有利环路阻力损失，甚至小于最有利环路阻力损失，此时其他支路根据阻力损失不平衡率情况进行添加支路风机进行输配调节。计算通风系统能耗时不仅有主风机能耗，还有支路风机能耗。

（4）主风机配备支路风机与调节阀门 系统各并联环路压力损失的相对差额比较大，选择的主风机压头只能满足部分环路压力阻力损失，还需分别在管网近端与远端分别增设调节阀门与支路风机进行阻力平衡调节。计算通风系统能耗时有主风机和支路风机能耗。

3.1.2 输配系统能耗模型

1. 建模步骤

1）计算通风系统各环路阻力损失。

2）假定主风机压头选型，配备相应输配调节方式。

3）计算主风机能耗与输配调节能耗，输配调节能耗为可能存在的支路风机能耗，由此得出系统能耗计算公式。

4）分析系统能耗与主风机压头选取之间的关系，并描绘输配能耗趋势图。

5）由能耗趋势图可寻找最佳主风机压头选择，以使系统输配能耗最低。

2. 输配能耗计算

（1）计算各环路阻力损失 对于一个送风通风管网，如图 3-1 所示。

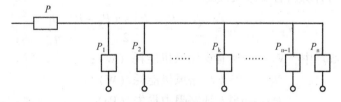

图 3-1 动力分布式新风系统阻力损失示意图

通风系统的各个风口位置以及管网结构尺寸等信息已知，假定有 n 个送风口，需设计的各风口风量与系统总风量为 Q_1、Q_2、$\cdots Q_k \cdots Q_{n-1}$、$Q_n$、$Q_总$，此时可计算出通风系统的各个环路阻力损失，计算结果表示为 P_1、P_2、$\cdots P_k \cdots$、P_{n-1}、P_n。

其中 Q_1、Q_2、$\cdots Q_k \cdots Q_{n-1}$、$Q_n$ 为各风口设计送风量；$Q_总$ 为系统总送风量；P_1、P_2、$\cdots P_k \cdots$、P_{n-1}、P_n 为系统各环路阻力损失，为方便分析，假定 $P_1 \leqslant P_2 \leqslant \cdots \leqslant P_k \leqslant \cdots \leqslant P_{n-1} \leqslant P_n$，环路 n 表示为最不利环路，阻力损失为 P_n，而 P_1 代表为最有利环路的阻力损失。

（2）假定主风机压头，并配备相应输配调节方式　假定主风机所提供的全压为 P，与系统各环路阻力损失 P_1、P_2、$\cdots P_k \cdots$、P_{n-1}、P_n 对比，根据需要在支路加阀门或支路风机来进行输配调节。如主风机全压 P 大于环路 k 的阻力损失 P_k，则需在该环路末端增设阀门以消除多余压头；若主风机全压 P 小于环路 k 的阻力损失，则需在该环路末端增设支路风机以提升压力。

（3）计算系统能耗

1）主风机能耗。假定主风机的全压为 P 以及主风机效率为 $\eta_{主}$，又知系统风量为 $Q_{总}$，则可计算出主风机能耗：

$$N_{主} = \frac{PQ_{总}}{\eta_{主}} \tag{3-1}$$

式中　$N_{主}$——主风机能耗（W）；

$\quad\quad P$——主风机全压（Pa）；

$\quad\quad Q_{总}$——系统风量（m^3/h），也为主风机风量；

$\quad\quad \eta_{主}$——主风机效率（%）。

2）支路风机能耗。确定主风机的风压为 P 后，对于环路阻力损失大于主风机风压，需要配置支路风机的环路，则需要计算支路风机能耗。假定支路风机效率为 $\eta_{支}$，则环路 k 的计算过程如下：

①若 $P - P_k \geqslant 0$，说明支路需用调节阀门消除多余压头或恰好无需调节，该支路没有支路风机能耗，此时支路风机能耗为：

$$N_k = 0 \tag{3-2}$$

②若 $P - P_k < 0$，说明需要配置支路风机补充压头，该支路的支路风机能耗为：

$$N_k = \frac{(P_k - P)Q_k}{\eta_{支}} \tag{3-3}$$

将式（3-2）、式（3-3）两种可能的计算式用同一公式表示为：

$$N_k = \frac{|P_k - P| + (P_k - P)}{2} \frac{Q_k}{\eta_{支}} \tag{3-4}$$

由式（3-4）可计算所有支路风机能耗 $N_{支}$ 为：

$$N_{支} = \sum_{k=1}^{n} N_k = \sum_{k=1}^{n} \frac{|P_k - P| + (P_k - P)}{2} \frac{Q_k}{\eta_{支}} \tag{3-5}$$

式（3-2）~式（3-5）中　$N_{支}$——所有支路风机能耗（W）；

$\quad\quad N_k$——第 k 环路风机能耗（W）；

$\quad\quad P_k$——第 k 环路阻力损失（Pa）；

$\quad\quad Q_k$——第 k 风口风量（m^3/h），也为该支路风机风量；

$\quad\quad N_{支}$——所有支路风机能耗（W）；

$\quad\quad \eta_{支}$——支路风机效率（%）。

3）系统能耗。系统能耗 = 主风机能耗 + 所有支路风机能耗，由式（3-1）与式（3-5）相加可计算得到：

$$N_{总} = N_{主} + N_{支} = \frac{PQ_{总}}{\eta_{主}} + \sum_{k=1}^{n} \frac{|P_k - P| + (P_k - P)}{2} \frac{Q_k}{\eta_{支}} \tag{3-6}$$

式中　$N_总$——系统能耗（W）；

　　　$N_主$——主风机能耗（W）；

　　　$N_支$——所有支路风机能耗（W）。

3.1.3　输配能耗分析

1. 系统输配能耗变化趋势

从式（3-6）得出，系统能耗与主风机风压 P 的选择密切相关，主风机风压 P 的不同，系统配备不同的输配调节方式，致使系统输配能耗发生变化。分析系统能耗与主风机压头之间的变化趋势关系如下：

1）当 $P < P_1$，即主风机压头不能满足最有利环路阻力损失，则系统能耗为：

$$N_总 = \frac{PQ_总}{\eta_主} + \sum_{k=1}^{n} \frac{(P_k - P)Q_k}{\eta_支} \tag{3-7}$$

此时，系统能耗随主风机压头的变化趋势为：

$$\frac{\partial N_总}{\partial P} = \frac{Q_总}{\eta_主} - \sum_{k=1}^{n} \frac{Q_k}{\eta_支} \tag{3-8}$$

2）当 $P_1 \leqslant P_k \leqslant P < P_{k+1} \leqslant P_n$，主风机压头只能满足部分环路阻力损失，即只能满足环路 1 至环路 k 的阻力损失，环路 $k+1$ 至环路 n 的不能满足，需增设支路风机，计算系统能耗时需计算环路 $k+1$ 至环路 n 的支路风机能耗。故系统能耗为：

$$N_总 = \frac{PQ}{\eta_主} + \sum_{k=k+1}^{n} \frac{(P_k - P)Q_k}{\eta_支} \tag{3-9}$$

此时，系统能耗随主风机压头的变化趋势为：

$$\frac{\partial N_总}{\partial P} = \frac{Q_总}{\eta_主} - \sum_{k=k+1}^{n} \frac{Q_k}{\eta_支} \tag{3-10}$$

3）当 $P \geqslant P_n$，即主风机压头能够满足所有环路阻力损失，则系统能耗为：

$$N_总 = \frac{PQ_总}{\eta_主} \tag{3-11}$$

此时，系统能耗随主风机压头的变化趋势为：

$$\frac{\partial N_总}{\partial P} = \frac{Q_总}{\eta_主} \tag{3-12}$$

2. 系统输配能耗趋势图

（1）支路风机效率与主风机效率相同时　当 $\eta_主 = \eta_支 = \eta$，说明支路风机与主风机的工作效率一样，这为较理想状态，此时：

1）当 $P < P_1$，由式（3-8）得 $\frac{\partial N_总}{\partial P} = 0$，即主风机压头在 $(0, P_1)$ 范围内选择，系统能耗不随主风机压头的选择而变化。

2）当 $P_1 \leqslant P_k \leqslant P < P_{k+1} \leqslant P_n$，由式（3-10）得 $\frac{\partial N_总}{\partial P} = \frac{Q_总}{\eta} - \sum_{k=k+1}^{n} \frac{Q_k}{\eta} = \sum_{k=1}^{k} \frac{Q_k}{\eta}$，主风机压头在 $[P_1, P_n]$ 范围内选择，此时系统能耗随主风机 P 的增大而增大，且变化率也增大。

3）当 $P \geqslant P_n$，则由式（3-12）得 $\frac{\partial N_总}{\partial P} = \frac{Q_总}{\eta_主}$，主风机压头在 $[P_n,\ +\infty)$ 范围内选择，系统能耗随主风机压头 P 增大而逐渐增大，并与 P 成正比关系，比例系数为 $\frac{Q_总}{\eta_主}$。

由此可描绘出主风机压头在 $(0,\ +\infty)$ 范围内，系统能耗的变化趋势如图 3-2 所示。

图中 P_1、P_k、P_n 为环路 1、环路 k、环路 n 的阻力损失，环路 n 代表系统最不利环路，$P_1 \leqslant P_k \leqslant P_n$，$P_1$、$P_k$、$P_n$ 为主风机压头 P 的可能取值。

（2）支路风机效率小于主风机效率时　一般情况下，支路风机效率要小于主风机效率，即 $\eta_支 < \eta_主$。因为一般支路风机的安装空间受限，许多产品为了控制结构尺寸，将箱体结构制作较小，致使支路风机效率较主风机低。

采用支路风机等于主风机效率时的系统能耗分析方法，同理可得：

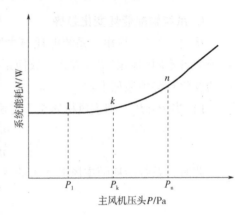

图 3-2　主风机与支路风机效率相同时系统能耗的变化趋势

1）当 $P < P_1$，由式（3-8）得 $\frac{\partial N_总}{\partial P} = \frac{Q_总}{\eta_主} - \sum_{k=1}^{n} \frac{Q_k}{\eta_支} = -\left(\frac{1}{\eta_支} - \frac{1}{\eta_主}\right)Q_总 < 0$，斜率小于 0，即此时系统能耗随主风机压头的选择而减小，比例系数为 $-\left(\frac{1}{\eta_支} - \frac{1}{\eta_主}\right)Q_总$。

2）当 $P \geqslant P_n$，则由式（3-12）得 $\frac{\partial N_总}{\partial P} = \frac{Q_总}{\eta_主}$，系统能耗随 P 增大而增大，系统能耗与主风机 P 成正比关系，比例系数为 $\frac{Q_总}{\eta_主}$。

3）当 $P_1 \leqslant P_k \leqslant P < P_{k+1} \leqslant P_n$，由式（3-10）得：

$$\frac{\partial N_总}{\partial P} = \frac{Q_总}{\eta_主} - \sum_{k=k+1}^{n} \frac{Q_k}{\eta_支} = \sum_{k=1}^{k} \frac{Q_k}{\eta_主} + \sum_{k=k+1}^{n} \frac{Q_k}{\eta_主} - \sum_{k=k+1}^{n} \frac{Q_k}{\eta_支} = \frac{1}{\eta_主} \sum_{k=1}^{k} Q_k - \left(\frac{1}{\eta_支} - \frac{1}{\eta_主}\right) \sum_{k=k+1}^{n} Q_k$$

此计算式为两数相减，$\frac{1}{\eta_主}$、$\left(\frac{1}{\eta_支} - \frac{1}{\eta_主}\right)$ 为常数，结果的正负与 $\sum_{k=1}^{k} Q_k$、$\sum_{k=k+1}^{n} Q_k$ 的值有关，k 越大，$\sum_{k=1}^{k} Q_k$ 越大、$\sum_{k=k+1}^{n} Q_k$ 越小，$\frac{1}{\eta_主} \sum_{k=1}^{k} Q_k - \left(\frac{1}{\eta_支} - \frac{1}{\eta_主}\right) \sum_{k=k+1}^{n} Q_k$ 也越大，即斜率 $\frac{\partial N_总}{\partial P}$ 随 P 的取值增大而增大，增大的起点是负数 $-\left(\frac{1}{\eta_支} - \frac{1}{\eta_主}\right)Q_总$，终点为正数 $\frac{Q_总}{\eta_主}$，故系统能耗随主风机 P 在 $P_1 \leqslant P < P_n$ 区域内的变化斜率由负逐渐变到正，呈现出抛物线的变化趋势。

为此可描绘出支路风机效率小于主风机效率的情况下的系统能耗趋势，如图 3-3 所示。

图中 P_1、P_m、P_n 为主风机压头 P 的可能取值，$P_1 \leqslant P_m \leqslant P_n$，且 P_1、P_n 为环路 1、环路 n 的阻力损失，环路 n 代表系统最不利环路，P_m 为使能耗最小时的主风机压头。P_0 为考虑一定压头富裕情况下系统选择的主风机压头 P_0。

由此可知，当支路风机效率小于主风机时，最佳零静压点应在最不利环路和最有利环路之间。值得注意的是，该图是基于设计风量工况下的分析，还可以通过逐时风量的变化情况进行全年综合分析以确定动态运行调节下的最佳零静压点。

主风机选择压头比 P_n 小时，在曲线上往左偏移，表明需要弥补不足压头的支路会越来越多，系统支路风机也会越来越多，但调节阀越来越少。由于支路风机的效率要低于主风机效率，则往左偏移到一定程度时，系统能耗会到达一个极值点 m，此时系统能耗最低。如果主风机压头再小的话则节能量减小，甚至不节能了。

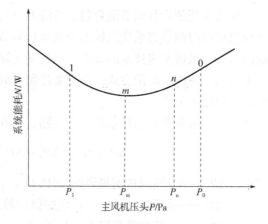

图 3-3 支路风机效率小于主风机效率时系统能耗趋势

对于动力集中式通风系统的设计，《民用建筑供暖通风与空气调节设计规范》（GB 50736—2012）第 6.5.1 条第 2 款做了以下规定：通风机采用定速时，通风机的压力在系统压力损失上宜附加 10% ~ 15% 。为此，主风机选择压头往往比最不利环路的 P_n 大，如 P_0 在曲线上表示为往右偏移，造成系统能耗偏大。

3.1.4 输配节能特性

在理论输配能耗的分析中，可以知道主风机压头的选择与系统能耗有着密切的关系。主风机压头在不同区域致使系统能耗变化的程度是不一样的，在传统的动力集中式通风系统设计中，风机选配要有一定的富余量，此时系统能耗增加是最剧烈的，在图 3-2 和图 3-3 中表现为 n 点后的曲线斜率最大。这也正是促使进行动力分布式通风系统设计的一个重要原因。为此，在进行通风管网设计时，主风机压头的选择可低于最不利环路的压头，采用支路风机调节方式进行输配调节，这样不仅可以降低系统输配能耗，还能减小主风机的压头选择。

通过以上分析，可以知道主风机在不同压头选择下的系统节能潜力，从而选择是否采用动力分布式通风系统，以及在采用动力分布式通风系统设计时如何合理设置末端输配调节方式。

3.2 可调性

3.2.1 调节形式

对于恒定通风量系统，只需设计并调节好通风管网的阻力特性，再配备适合的主风机运行即可。而对于一个需要考虑室内污染物浓度动态变化的通风系统，一个需要根据个人主观需求调节的通风系统，一个试图充分利用过渡季节新风运行节能的通风系统，丰富与扩充通风系统调节能力则显得尤为重要。

通风系统的运行调节能力包括系统调节与各末端用户的调节。对于系统调节，主要技术手段包括阀门调节与系统风机的变速运行调节。阀门调节应用广泛，技术手段成熟，随着节能的需要与风机变速技术的成熟，风机变速运行调节已经逐步推广应用。而针对通风系统各个末端用户的调节应用方式，还主要停留在阀门调节上。为分析通风系统各末端用户的调节性能，做以下分析。

对于动力分布式通风系统某一支路，存在下述关系：

$$\Delta P_z + \Delta P = \Delta P_y + \Delta P_j = \xi_z \frac{V^2 \rho}{2} + \frac{\lambda}{d_e} \frac{V^2 \rho}{2} l = SQ^2 \tag{3-13}$$

式中　ΔP_z——支路风机所提供的静压（Pa）；

　　　ΔP——支管入口处主风机所提供的静压（Pa）；

　　　ΔP_y——支路的沿程阻力（Pa）；

　　　ΔP_j——支路的局部阻力（Pa）；

　　　ξ_z——支路局部阻力系数；

　　　λ——摩擦阻力系数；

　　　d_e——支路管径（m）；

　　　l——支路长度（m）；

　　　ρ——空气密度（kg/m³）；

　　　V——支路空气流速（m/s）；

　　　S——支路管段阻抗 $[Pa/(m^3/h)^2]$；

　　　Q——支路流量（m³/h）。

对于一个管道尺寸确定的管网，要实现支路管段流量 Q 的改变只能从调节 ΔP、ξ_z（或 S）以及 ΔP_z 三点来考虑。

1. 调节 ΔP——调节主风机

调节主风机的运行状态，即实现支路入口静压值的改变。这种方式在需求控制通风（DCV）系统中常用，可同时调节系统所有支路的风量。但是，当仅仅是几个支路需要调节，或各个支路调节需求不一致时，这种调节方式将引发"众口难调"的矛盾。这种调节方式适用于分区合理，各末端需求一致变化的整个通风系统的调节。

2. 调节 ξ_z——调节支路阀门

这种方法相当于调节阀门开度。调节阀门的过程中在一定程度上会影响系统主风机的工作状态点，影响系统的稳定。这种调节方式在供热、空调、给水排水等系统中应用广泛，技术手段也较成熟。但由于是一种增加系统阻抗的方法，比较耗能。

3. 调节 ΔP_z——调节支路风机

这种方法相当于调节支路风机的运行状态。调节支路的过程中在一定程度上会影响系统主风机的工作状态点，影响系统的稳定。受益于电动机调速技术的发展，这种方式也逐步在供热、空调等系统中应用。这种方式降低了系统输配能耗，技术也逐步成熟。当然，要避免其调节过程的不利影响，还应采用措施控制主风机的工作状态，保持系统的稳定性。

以上三种调节方式是实现各支路可调性能的基本方式。此外，管网特性也是调节性能的影响因素，在进行管网设计时应将调节方式纳入考虑范围。

3.2.2　阀门可调性

1. 节流原理

从流体力学的观点看，调节阀是一个局部阻力可以变化的节流元件。对于风阀，有：

$$\Delta P = P_1 - P_2 = \xi \frac{v^2 \rho}{2} \tag{3-14}$$

$$Q = Fv \tag{3-15}$$

式中　P_1、P_2、ΔP——调节阀前、后的压力及其压差（Pa）；

　　　ξ——调节阀阻力系数，随调节阀的开度而变；

　　　ρ——流体密度（kg/m³）；

　　　F——调节阀接管截面面积（m²）；

　　　v——调节阀接管内流体流速（m/s）；

　　　Q——调节阀接管内流体流量（m³/s）。

得：

$$Q = \frac{F}{\sqrt{\xi}} \sqrt{\frac{2(P_1 - P_2)}{\rho}} \tag{3-16}$$

如另：

$$C = \frac{F}{\sqrt{\xi}} \sqrt{2} \tag{3-17}$$

其中，C 称为调节阀的流通能力，则：

$$Q = C \sqrt{\frac{P_1 - P_2}{\rho}} \tag{3-18}$$

即：

$$C = \frac{Q}{\sqrt{\frac{P_1 - P_2}{\rho}}} \tag{3-19}$$

从上式可知，对于某一规格的调节阀，其流通能力随开度而变化；在某一开度下，流通能力为定值，通过的流量取决于阀前后的作用压差。

2. 流量特性

调节阀的流量特性是指流体介质流过调节阀的相对流量与调节阀的相对开度之间的特定开度，即：

$$\frac{Q}{Q_{max}} = f\left(\frac{l}{l_{max}}\right) \tag{3-20}$$

式中　Q——调节阀在某一开度时的流量；

　　Q_{max}——调节阀全开时的流量；

　　　l——调节阀某一开度阀芯的行程；

　　l_{max}——调节阀全开时阀芯的行程。

调节阀所能控制的最大流量与最小流量之比称为可调比 R：

$$R = Q_{max}/Q_{min} \tag{3-21}$$

$Q_{\min}$是调节阀可调流量的下限值，并不等于调节阀全开时的泄流量。一般最小可调流量为最大流量的 2% ~4%，而泄流量仅为最大流量的 0.01% ~0.1%。

流量特性有理想流量特性和工作流量特性两个概念。理想流量特性是在调节阀前后压差一定的情况下，相对流量与相对开度之间的关系。典型的理想流量特性有：①直线流量特性，②等百分比流量特性，③快开流量特性，④抛物线流量特性。

实际使用中，调节阀大都装在具有阻力的管道上，调节阀前后的压差保持不变，虽在同一开度下，通过调节阀的流量将与理想特性时所对应的流量不同。阀权度对调节阀工作特性具有重要影响：当管道阻抗为零时，$S_{v} = 1$，系统的总压差全部降落在调节阀上，调节阀的工作特性与理想特性是一致的。随着阀权度值 S_{v} 的减小，流量特性发生很大的畸变，如理想的直线特性趋向于快开特性，理想的等百分比特性趋向于直线特性，使小开度时放大系数增大，大开度时放大系数减小，S_{v} 值太小时将严重影响自动调节系统的调节质量。

3.2.3 支路风机可调性

1. 调节原理
由式（3-13）有：

$$\Delta P_{z} + \Delta P = SQ^{2} \tag{3-22}$$

转速 n 下，支路风机的性能曲线表示为：

$$\Delta P_{z} = a + bQ + cQ^{2} \tag{3-23}$$

则可知：

$$a + bQ + cQ^{2} = SQ^{2} - \Delta P \tag{3-24}$$

式中　ΔP——支路处主风机所提供的静压（Pa）；

　　　S——支路管网阻抗 $[Pa/(m^{3}/h)^{2}]$；

　　　ΔP_{z}——支路风机所提供全压（Pa）；

　　　Q——支路空气流量（m^{3}/s）；

　　a、b、c——支路风机性能曲线系数。

式（3-24）左边为风机性能曲线，是 Q 的一元二次方关系，等式右边是考虑了支路处静压状况的一元二次方关系，描绘曲线如图 3-4 所示。

支路风机的可调性就是支路风机在一定支路入口静压 ΔP 以及支路管网阻抗 S 下，通过改变风机转速以改变支路风机性能曲线，从而改变支路风量的能力。

为此，在一定支路静压 ΔP 以及支路管网阻抗 S 下，支路风机调节转速的能力直接影响支路的可调性。对此支路风机调速能力应达到以下几点要求：①调速范围应较广。②可达到较高调节精度。③在各转速下均有较高效率。支路风机采用直流无刷电动机可以达到以上调速要求。

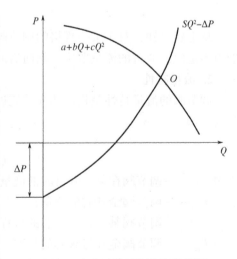

图 3-4　支路风机工作状态曲线图

为评价支路风机的调节性能，可以建立类似于调节阀的可调比公式，用以反映支路风机可调节风量的幅度与精确度，即支路风机可调比，如下：

$$r = Q_{\max} / Q_{\min} \tag{3-25}$$

$Q_{\min}$ 是支路风机可调节风量的下限值，与支路风机调节转速的精确度有关，支路风机的调速理论上可以实现无级调速，但应用到实际中往往取用几个转速点，用档位表示。

此外，支路静压 ΔP 以及支路管网阻抗 S 对支路风机的调节性能有一定的影响。

2. 支路入口静压 ΔP 对支路风机可调性的影响

定义支路风机额定转速下的风量为基准风量。通过对式（3-22）及图 3-4 分析可知，支路静压 ΔP 越大，基准风量越大，在图 3-4 表示为 O 点向右偏移；反之，静压越小，基准风量越小。为此，不同支路静压下，同一支路的风量可调节范围也会发生变化。

支路静压应控制在一定范围内，较大的静压会使得支路风机难以实现调小风量。当支路静压过大致使基准风量过大，不在支路风机的工作范围，则应安装阀门进行调节支路风量，这在风机分布式串联特性中表现为支路风机起阻碍作用。静压越小，甚至为负值时，支路风机的工作点将偏左，支路风量也将偏小，调大风量的能力将受到限制。

总之，支路静压对基准风量有一定影响，会影响支路风机的调节能力，进行支路风机的选型时需要注意这点。

3. 管网特性 S 对支路风机可调性的影响

通过对式（3-22）及图 3-4 分析可知，支路管网特性 S 越大，支路基准风量越小，超过一定值后，支路风机调大风量的能力将受到了限制。支路管网特性 S 越小，支路基准风量越大，超过一定值后，支路风机调小风量的能力将受到了限制。

3.2.4　调节方式对比

（1）原理不同　调节阀的作用原理是通过增加有利环路的阻抗来实现风量平衡；而支路风机则是通过增加不利环路的压力来实现风量平衡。

（2）能耗不同　调节阀是消耗多余的能耗，使得工程设计需要主风机选型应该有一定富裕量，从而加剧能耗浪费；而支路风机是动力源，是弥补系统不足能耗，主风机选型无需考虑一定富余量。

（3）工作特性不同　调节阀需要获得较好的调节性能就需调节阀所消耗的压力占总的压力损失比例大，且比例越大，调节性能越好，同时势必增加能耗。支路风机需要的调节性能与转速调节能力有很大关系，调速性能越好，调节性能越好；同时支路风机进口压力越小，支路风机调大能力越强，进口压力越大，支路风机调小能力越弱。

3.2.5　支路风量偏移分析方法

动力分布式通风系统在实际运行中发现，支路风机的风量往往偏离设计工况，且其风量调节性能并不佳，因此如何在设计阶段使后期的末端支路风机满足风量需求并具有很好的可调性是需要解决的关键问题，这需要采用一套可靠的方法来分析支路风机的风量及其调节性能，以满足系统可靠稳定的运行。

1. 支路风量的测试

（1）测试目的　掌握支路风机的性能，了解支路风机在不同入口静压下的风量情况及变化特性。

（2）测试对象　选择某动力分布式实验台中的支路风机作为测试对象，系统图如图 3-5 所示。系统主干管尺寸为 320mm × 200mm，200mm × 200mm，末端支管尺寸为 160mm × 120mm。实验台占地尺寸约为 15m × 4.5m，风管离地面 0.6m 高以方便测试。将支路风机离主风机的远近逐个标号为①，②，③，④，⑤。

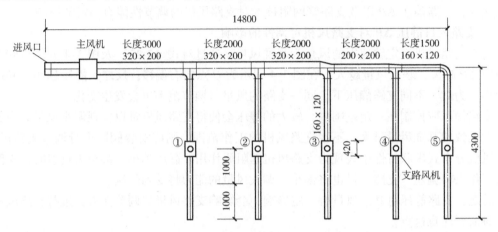

图 3-5　动力分布式通风实验系统图

（3）测试仪器　采用法国凯茂 MP200 多功能差压风速仪测试支路入口静压和支路风速与风量，压力量程为 0 ~ 500Pa，误差为 ±（0.2% × 风压 + 0.8Pa）。

（4）测试步骤

1）调节主风机及各个支路风机的运行状态，使各个支路风量为 250m³/h（风机的转速大小为 $n_①< n_②< n_③< n_④< n_⑤$，其中 n 为风机转速，下标为风机编号）。

2）关闭一个末端的工况：分别关闭①，③，⑤号末端，测试各个支路及干管的风量、静压（支路处）。

3）关闭 2 个末端的工况：关闭①和②，④和⑤，②和④号末端时，测试各个支路及干管的风量、静压（支路处）。

4）关闭 3 个末端的工况：关闭①/②/③，③/④/⑤，①/③/⑤号末端时，测试各个支路及干管的风量、静压（支路处）。

（5）测点布置　距主风机 1.5m 主管上布置测点，距支路风机前后 1m 处布置测点。测试主管断面尺寸为 320mm × 200mm，支管断面尺寸为 160mm × 120mm。将断面分成 4 个均等的矩形，在每个矩形中心布置测点，每个断面共计 4 个测点。每个测试断面打 2 个测试孔。

2. 测试结果

（1）支路风机运行风量随入口静压的变化特性　通过测试数据分析得到①~⑤号风机在不同入口静压下的运行风量不同，如图 3-6 所示。

图 3-6 中 5 条曲线分别为①~⑤号支路风机在定转速、不同入口静压下的风量。由图可以看出，支路风量随着支路入口静压的增大而增大，大致呈线性关系，以②号支路风机为例，风量与入口静压的拟合关系式为 $y = 0.99x + 189.3$（$R^2 = 0.9634$），风量与入口静压呈显著线性相关关系，其他风机也呈现类似的特性。

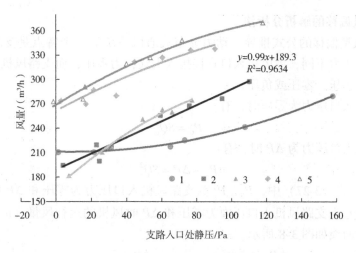

图 3-6　支路风量随支路入口处静压的变化

（2）②号支路风机性能分析　以②号支路风机为研究对象，风机性能曲线如图 3-7 所示。

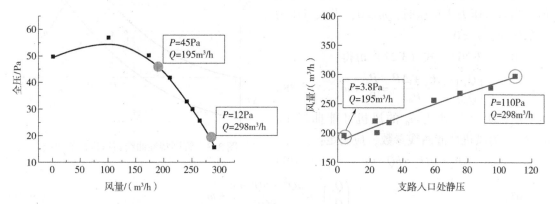

图 3-7　②号支路风机性能曲线

由图 3-7 可以看出，支路风量随入口静压的增大而增大，在入口静压 P_r 为 3.8Pa 下，支路风机提供的压力 P_t 为 45Pa，支路风量为 195m³/h，在入口静压为 110Pa 下，支路风机提供的压力 P_t 为 12Pa，支路风量为 298m³/h，根据 $P_r + P_t = SQ^2$（其中 S 为支路的阻抗，Q 为支路风量），得到支路的阻抗 $S \approx 16632$kg/m⁷。在不同静压下，管网的阻抗 S 近似不变，在 110Pa 静压下，风量为 298m³/h 时，代入 $P_r + P_t = SQ^2$，得 $p_t \approx -30$Pa，由此可知此时支路风机起阻碍作用，对风机具有损害作用。因此，当支路入口静压大于设计风量下的支路阻力时，支路风机会起阻碍作用，这种情况需要避免。

对动力分布式通风系统各支路在不同入口静压下的测试发现，同一转速下，支路风机的风量随支路入口静压的增大而增大，部分情况下支路风机反而起阻碍作用。因此，动力分布式通风系统中支路风机的选择是关键，不仅可以保证支路风机实际运行风量能够达到设计风量的要求，而且还能起到很好的风量动态调节作用。同时在支路风机设计选型时要避免其起阻碍作用。

3. 支路风量偏移的解析分析法

（1）支路风量偏移的公式推导　动力分布式通风系统的一个特点是支路风机的入口压力与主风机入口压力不同，主风机入口直接接入大气，为零压，而支路风机接入主风道，其入口压力可能为正压、零压或负压。

当支路风机入口压力为零压时，有：

$$P_0 = SQ_0^2 \tag{3-26}$$

当支路风机入口压力为 ΔP 时，有：

$$P_x + \Delta P = SQ_x^2 \tag{3-27}$$

式（3-26）、式（3-27）中，P_0，P_x 为支路风机入口压力为零压和 ΔP 时风机的运行压力（Pa）；Q_0，Q_x 为支路风机入口压力为零压和 ΔP 时风机的运行风量（m³/h）。管网特性曲线与风机性能曲线如图 3-8 所示。

设支路入口静压比 $m = \dfrac{\Delta P}{P_0}$，即支路入口压力与设计风量下支路管段总阻力（其数值大小等于支路入口压力为零时的风机压力）的比值。当入口压力为正压时，$m>0$；当入口压力为负压时，$m<0$。

由式（3-26）、式（3-27）可得：

$$\left(\frac{Q_x}{Q_0}\right)^2 = \frac{P_x + \Delta P}{P_0} = \frac{P_x}{P_0} + m \tag{3-28}$$

P_x，Q_x 在转速为 n_0 的风机性能曲线上，a，b，c 为风机性能曲线参数，应满足：

$$P_x = aQ_x^2 + bQ_x + c \tag{3-29}$$

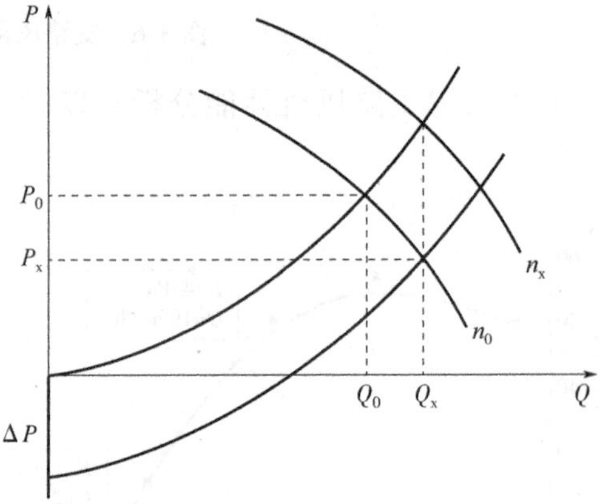

故：

$$\left(\frac{Q_x}{Q_0}\right)^2 = \frac{aQ_x^2 + bQ_x + c}{SQ_0^2} + m \tag{3-30}$$

图 3-8　管网特性曲线与风机性能曲线

设 $\dfrac{Q_x}{Q_0} = \beta$，为风量偏差系数，表明实际风量偏离支路设计风量的程度。则式（3-20）可变换为：

$$\beta^2 = \frac{a}{S}\beta^2 + \frac{b}{SQ_0}\beta + \left(\frac{c}{SQ_0^2} + m\right) \tag{3-31}$$

上式为一元二次方程，故可求出方程的根，舍去负根为：

$$\beta = \frac{-\dfrac{b}{SQ_0} + \sqrt{\left(\dfrac{b}{SQ_0}\right)^2 - 4\left(\dfrac{a}{S}-1\right)\left(\dfrac{c}{SQ_0^2}+m\right)}}{2\left(\dfrac{a}{S}-1\right)} \tag{3-32}$$

（2）支路风量偏移的影响因素　由式（3-32）可知，支路风量偏离的影响因素为支路阻抗 S、风机性能参数（主要表现为风机性能曲线的系数 a，b，c）及支路入口静压比 m。利用这些影响因素可定量分析支路风量的偏离程度。对于支路入口静压比 m 而言，有以下特性：

1）当 $m>1$ 时，即 $\Delta P>P_0$，表明支路入口压力完全可克服支路的阻力。即支路风量大于设计值或支路风机起阻碍作用，如测试案例所示，这种情况是需要避免的。

2）当 $m=1$ 时，即 $\Delta P=P_0$，表明支路入口压力正好可克服支路的阻力。这种情况在动力分布式通风系统中较少存在，最多存在一个支路有此情况。

3）当 $m<1$ 时，即 $\Delta P<P_0$，表明支路入口压力不足以克服设计风量下支路的总阻力。

以支路风机⑤为例（风机性能曲线为 $P=-0.0018Q^2+0.256Q+106.5$）进行分析，不同设计风量（分别为 $170\mathrm{m}^3/\mathrm{h}$，$200\mathrm{m}^3/\mathrm{h}$，$250\mathrm{m}^3/\mathrm{h}$）下 β 随 m 的变化情况如图 3-9 所示。

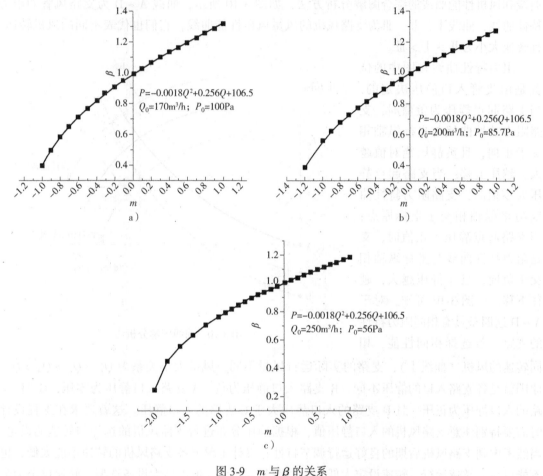

图 3-9　m 与 β 的关系

a) 设计风量 $170\mathrm{m}^3/\mathrm{h}$　b) 设计风量 $200\mathrm{m}^3/\mathrm{h}$　c) 设计风量 $250\mathrm{m}^3/\mathrm{h}$

由图 3-9 可知：当 m 在某一区间内时，m 与 β 呈近似线性关系；设计风量为 $170\mathrm{m}^3/\mathrm{h}$ 情况下，当 $m=-0.4\sim0.6$ 时，$\beta=0.8\sim1.2$；设计风量为 $200\mathrm{m}^3/\mathrm{h}$ 情况下，当 $m=-0.5\sim0.6$ 时，$\beta=0.8\sim1.2$；设计风量为 $250\mathrm{m}^3/\mathrm{h}$ 情况下，当 $m=-0.9\sim1.2$ 时，$\beta=0.8\sim1.2$。由此可知，该风机在入口静压为 $-50\sim50\mathrm{Pa}$ 时，运行风量的偏差为 $-20\%\sim20\%$。

当风量需求变化时，风机转速发生变化，则变速后的风机性能曲线变化，具体表现在风机性能曲线表达式参数 a，b，c 发生变化，但仍可采用解析表达式分析其他工况下的风量偏离程度。利用该解析法可具体定量计算支路风量的偏差范围，为风机的合理选择奠定了理论基础。

通过推导得到了支路风量偏离的解析表达式，理论分析得到支路风量偏移的影响因素为支路风机所在支路的管路阻力特性、支路风机性能曲线及支路进口压力比。可利用解析表达式对支路风量偏移情况做定量分析。

4. 支路风量偏移的图解分析

实验证明了在同一转速下支路风量随支路入口静压的增大而增大，利用解析方法可定量分析支路风量的偏差大小，但计算较为复杂，在工程设计中一种有效的方法是利用管网特性曲线和风机性能曲线的综合图解分析方法，如图 3-10 所示，曲线 A ~ D 为支路风管的阻力特性曲线，曲线 Ⅰ，Ⅱ，Ⅲ 为支路风机的风量风压性能曲线，它们也代表不同的风机转速，且转速大小为 Ⅱ > Ⅰ > Ⅲ。

阻力特性曲线在图中的位置是由支管入口静压决定的，当支路起点静压为负值时，支路阻力特性曲线与坐标纵轴相交于正向，且负静压绝对值越大，越往上移；当支路起点静压为零值时，支路阻力特性曲线与坐标轴相交于坐标原点；当支路起点静压为正值时，支路阻力特性曲线与坐标纵轴相交于负向，且正静压越大，越往下移。由图 3-10 可知，对于 A ~ D 这四条具有相同阻力特性的支路，若选择相同性能、相

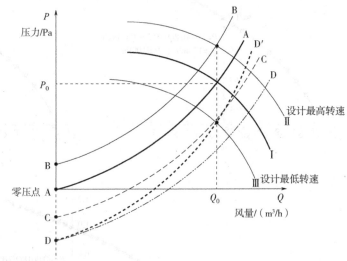

图 3-10　曲线图解分析法

同转速的风机（曲线 Ⅰ），支路的实际运行风量不同，风量大小关系为 $Q_D > Q_C > Q_A > Q_B$，原因就是各支路入口的静压不同，B 支路入口静压为负，A 支路入口静压为零压，C、D 支路的入口静压为正压，且 D 支路的入口静压大于 C 支路的入口静压。这就要求在工程设计时需要特别注意支路风机的入口静压值，根据静压分布进行支路风机的选择与转速的设定。当然考虑到支路风机后期的良好运行调节特性，设计工况下各支路风机的转速不能太低，也不能以最大转速运行，转速设定太低，风量调节空间大，但需增大设备选型，转速设定为最大值则丧失了风量调大的可能，因此在设计时需要控制在一定的转速范围，如图中曲线 Ⅱ 与 Ⅲ 之间。通过图解分析，可以很简单便捷地了解支路风机的实际运行风量。

假定 A、B、C、D 四个支路设计风量相同，风机性能曲线为 Ⅰ。支路风机的运行存在下面四种状态：

（1）支路入口处正压　如图 3-11 所示，若某一支路在零压点的上游侧，即在支路入口存在着正静压 P_j，若假设克服该支路所需要的压头为 P，则该支路需要支路风机提供的压头为 $(P - P_j)$。这种情况在动力分布式通风系统中是存在的，尤其是离主风机较近的支路。这种情况选择支路风机时的风压风量设计参数为 $[(P - P_j)，Q]$。

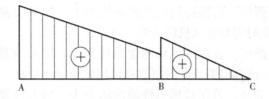

图 3-11　支路入口处正压时的管网压力分布图一

注：A 为主风机处，B 为支路风机处，C 为支路末端风口，下同。

如图 3-12 所示，若某一支路在零压点的上游侧，即在该支路入口存在着正静压 P_j，若假设克服该支路所需要的压头为 P，且存在着 $P_j > P$，则该支路需要支路风机提供的压头为 $(P - P_j) < 0$，也就是说明此时支路风机存在着阻碍作用，这种情况在设计和运行时是需要避免的。

（2）支路入口处零压　如图 3-13 所示，若支路的入口静压为零，这种情况相当于支管直接接入大气，那么此支路的风机风压风量设计参数为 $[P, Q]$。

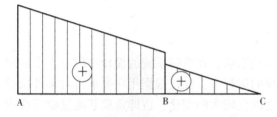

图 3-12　支路入口处正压时的管网压力分布图二　　图 3-13　支路入口处零压时的管网压力分布图

（3）支路入口处负压　如图 3-14 所示，若支路的入口静压为负静压 $-P_j$，那么此支路的风机风压风量选择参数为 $[(P + P_j), Q]$。支路入口状况不同时支路风机设计参数见表 3-1。

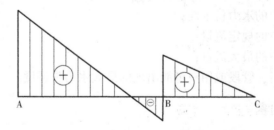

图 3-14　支路入口处负压时的管网压力分布图

表 3-1　支路入口状况不同时支路风机设计参数

支路入口状况			正压	零压	负压
支路风机设计参数	P	$P - P_j (P - P_j > 0)$	$P - P_j < 0$，风机起阻碍作用，应避免这种状况	P	$P + P_j$
	Q	Q		Q	Q

注：表中 P 为支路总阻力损失，P_j 为支路入口处静压，且 $P_j > 0$。

综上可得，在动力分布式新风系统中支路风机选择时存在以下四种状况：

1）假设 A 支路入口正好为零压点，则入口静压为零，则 A 支路的风量为 Q_0，满足设计要求。

2）B 支路入口为负静压，若保持风机性能曲线为Ⅰ，则 B 支路实际运行的风量 $Q_B <$ Q_0，达不到设计要求，此时需要将风机转速增大至Ⅱ。

3）C 支路入口为正静压，若保持风机性能曲线为Ⅰ，则 C 支路实际运行的风量 $Q_c >$ Q_0，超过设计要求，导致能耗浪费，此时需要将风机转速减小至Ⅲ。

4）D 支路入口为正静压，若保持风机性能曲线为Ⅰ，则 D 支路实际运行的风量 $Q_d >$ Q_0，超过设计要求，导致能耗浪费，若按照 C 的方式调小转速，由于考虑到后期末端的可调性，风机转速最小调至Ⅲ，那么只有在 D 支路增设阀门等消耗部件，如图 3-10 中将 D 支路特性曲线从 D 调整到 D′。

在设计时需要利用支路入口静压曲线分析法保证支路在运行时具有较好的风量可调性。用管网特性曲线和风机性能曲线的综合图解分析方法分析支路风机的风量偏移情况，为简单快速选择支路风机，了解支路风量的运行状态奠定了基础。

3.3 稳定性

3.3.1 基本定义

为避免或减小管网系统因水力失调产生的不利影响，在管网系统的设计中应考虑采取措施降低可能发生的水力失调，特别是在管网系统的运行中，往往根据用户要求需对某管段的流量进行调整时，又不希望其他部分的流量因之发生较大的变化，也即希望其流量稳定在或接近原有的水平。管网的这种性能，即在管网中各个管段或用户，在其他管段或用户流量改变时，保持本身流量不变的能力，称其为管网的水力稳定性。通常用管段或用户规定流量 Q_g 和工况变动后可能达到的最大流量 Q_{max} 的比值 y 来衡量管网的水力稳定性，即：

$$y = Q_g/Q_{max} = 1/x_{max} \tag{3-33}$$

式中　y——管段或用户的水力稳定性；

　　　Q_g——管段或用户的规定流量；

　　　Q_{max}——管段或用户的最大流量；

　　　x_{max}——工况变动后，管段或用户可能出现的最大水力失调度。

3.3.2 稳定性影响因素

1. 通风管道特性对系统稳定性的影响

管网系统中，某管段或用户的规定流量按下式算出：

$$Q_g = \sqrt{\frac{\Delta P_y}{S_y}} \quad (\mathrm{m^3/h}) \tag{3-34}$$

式中　ΔP_y——用户在正常工况下的作用压差（Pa）；

　　　S_y——用户系统及用户支管的总阻抗 $[\mathrm{Pa/(m^3/h)^2}]$。

一个用户可能的最大流量出现在其他用户全部关断时。此时，管网干管的流量很小，阻力损失接近为零；因而管网的作用压差可认为是全部作用在这个用户上。由此可得：

$$Q_{max} = \sqrt{\frac{\Delta P_r}{S_y}} \quad (\mathrm{m^3/h}) \tag{3-35}$$

式中 ΔP_r——管网的作用压差（Pa）。

ΔP_r 可以近似地认为等于管路正常工况下的管路干管的压力损失 ΔP_w 和这个用户在正常工况下的压力损失 ΔP_y 之和，即：

$$\Delta P_r = \Delta P_w + \Delta P_y \tag{3-36}$$

因此，这个用户可能的最大流量计算式可以改写成：

$$Q_{max} = \sqrt{\frac{\Delta P_w + \Delta P_y}{S_y}} \tag{3-37}$$

于是，它的水力稳定性为：

$$y = \frac{Q_g}{Q_{max}} = \sqrt{\frac{\Delta P_y}{\Delta P_w + \Delta P_y}} = \sqrt{\frac{1}{1 + \dfrac{\Delta P_w}{\Delta P_y}}} \tag{3-38}$$

由上式可见，水力稳定性 y 的极限值是 1 和 0。

在 $\Delta P_w = 0$ 时（理论上，网路干管管径为无限大），$y = 1$。此时，这个用户的水力失调度为 $x_{max} = 1$，即工况无论如何变化都不会使它水力失调，因而它的水力稳定性最好。这个结论对于这个网路上的每个用户都成立，也就是说，在这种情况下任何用户流量的变化，都不会引起其他用户流量的变化。

在 $\Delta P_y = 0$ 或 $\Delta P_w = \infty$ 时（理论上，用户管径无限大或管路干管管径无限小），$y = 0$。此时，用户的最大水力失调度为 $x_{max} = \infty$，水力稳定性最差，任何其他用户改变的流量将全部转移到这个用户去。

实际上，管网的管径不可能为无限小或无限大。管网水力稳定性系数 y 总在 0 和 1 之间。因此，当水力工况变化时，任何用户的流量改变，一部分流量将转移到其他用户中去。

由上分析可知：

1）越靠近管网集中动力的近端，受其他支路的调节干扰性越小，稳定性越好，反之越往网路末端，支路稳定性越差。

2）提高管网水力稳定性的主要方法是相对地减小管路干管的压降，或相对地增大支路用户系统的压降。为了减少管路干管的压降，就需要适当增大管路干管的管径。

在动力分布式通风系统管网设计中，由于要实现支路动态可调，系统的稳定性至关重要。为此，在关心节省造价的同时，应重视提高系统的水力稳定性。

2. 风机性能对稳定性的影响

对于动力分布式通风系统的任意两个环路有如下方程：

环路 1： $$P = \sum S_i Q_i^2 + \sum S_j Q_j^2 + S_1 Q_1^2 - P_{z1} \tag{3-39}$$

环路 2： $$P = \sum S_i Q_i^2 + \sum S_k Q_k^2 + S_2 Q_2^2 - P_{z2} \tag{3-40}$$

式中 P——主风机所提供的全压；

$\sum S_i Q_i^2$——两个环路共用管路阻力损失；

$S_1 Q_1^2$、$S_2 Q_2^2$——环路支路的阻力损失；

$\sum S_j Q_j^2$、$\sum S_k Q_k^2$——除去支路外的独用管路阻力损失；

P_{z1}、P_{z2}——支路风机所提供压头。

假定环路 1 中支路风机增加转速，支路 1 风量增加，同时系统风量增加，系统全压 P 减小。系统全压 P 减小得越多，影响环路 2 风量减小得越剧烈，为此，考虑选用风压随流量变化较小的主风机，即性能曲线为平坦型的主风机，更能够稳定环路 2 的风量需求。其次可以考虑采用控制手段调节主风机转速，从而稳定送风压头以达到稳定环路 2 通风量的目的。

另外，支路 1 的风量调大会造成系统全压 P 减小，致使环路 2 的风量 Q_2 减小，要想消除这种影响，需要支路风机 P_{z2} 增大。实际过程中，支路风量 Q_2 减小时，支路风机的工作点会向左偏移，致使 P_{z2} 增大，且 P_{z2} 增大得越多，该支路风量减少得也就越小，支路 2 的稳定性也越好，为此可以考虑选择风压随风量变化较小的支路风机，即性能曲线为陡峭型的支路风机。

环路中支路风机关闭或减小的分析过程同上述过程一致，结论也一致。为此，通过风机选型可尽量实现较高的系统稳定性：

1）主风机选择平坦型的性能曲线。

2）支路风机选择陡峭型的性能曲线。

3.3.3 稳定性的定量分析

由于动力分布式通风系统的调节是多工况调节，为动态通风分析需要，需要进行定量分析。方法有两种：一种为江亿院士提出的 K_s 的评价方式，应用于热网与空调水系统中，数学过程严谨。另一种为水力稳定性以及"偏离系数"的评价方式，可应用于通风系统中，直观有效。考虑在实验过程应用评价方法的可行性与有效性，这里引进后一种方法并加以改进。

对于一个确定了流量的管路，当一个支路进行调节必定会影响其他支路流量的改变。在这里，将第 i 个支路的新流量与设计工况流量的比值称为 i 支路的流量偏离系数，即：$X_i = q'_i / q_i$。

显然 X_i 越接近于 1，则说明相对于主动调节支路，i 支路的稳定性越好；反之，则说明相对于主动调节支路，i 支路的稳定性越差。

对于第 i 支路，当其他支路逐步调节时，流量偏离系数的平均值为：

$$\bar{X_i} = \sum X_i / K \tag{3-41}$$

式中　K——调节次数。

各支路 $\bar{X}$ 值的相对大小，能够反映其他支路的调节过程对该支路的影响程度。定义 $|1 - \bar{X}|$ 偏离系数偏离程度，$|1 - \bar{X}|$ 越大则说明其他支路对该支路调节过程对该支路影响大，该支路稳定性差，反之对该支路影响性小，该支路稳定性好。

当第 i 支路调节时，其他支路 X 值的平均值为：

$$Y = \left(\sum_{j=1}^{i-1} X_j + \sum_{j=i+1}^{N} X_j \right) / (N - 1) \tag{3-42}$$

式中　N——支路数。

显然，$|1 - Y|$ 值越大则说明该支路的调节过程对其他支路的影响越大，反之越小。

3.4　自适应性

动力分布式通风系统是一种满足各空间动态非均匀通风需求，能够独立调节，节能性良好的通风系统，越来越多地在工程项目中得到应用。常规的动力分布式通风系统即使在良好的系统设计前提下，支路风机在运行时也容易受支路入口压力的影响，从而导致实际运行风量产生偏移。即造成了风量达不到实际需求的现实问题，为系统的良好使用、保障室内空气品质带来了困难。因此提高动力分布式通风系统运行中的支路风量稳定性能是该系统需要迫切解决的技术问题。本节利用重庆海润节能技术股份有限公司新开发的自适应支路风机为研究对象，对其自身性能及在系统中的自适应性能进行测试与分析。

3.4.1　自适应支路风机性能测试方案

1. 实验台搭建

本实验采用动力分布式通风系统综合实验台，系统图如图 3-15 所示，实景图如图 3-16 所示。该综合实验台可测试多种形式的送风末端动力和风口形式，由主风机、支路风机、三通风机、多种送风口形式（侧送，地板送等）组成。实验台设备及相关技术参数见表 3-2。

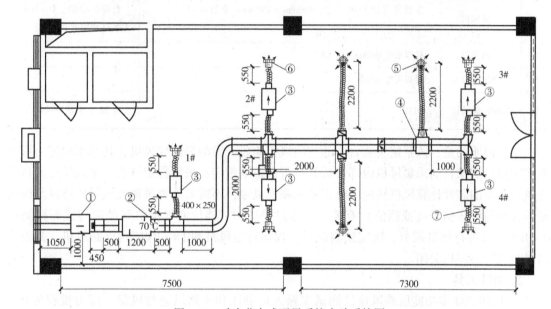

图 3-15　动力分布式通风系统实验系统图

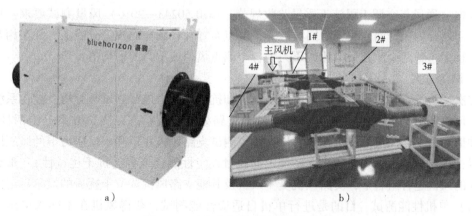

a)　　　　　　　　　　　　　　　　b)

图 3-16　动力分布式通风系统实验台

a）自适应支路风机　b）系统实验台实景图

表 3-2　动力分布式通风系统实验台设备及相关技术参数

序号	名称	技术参数	数量	备注
1	数字化节能风机	风量 $Q = 2000\text{m}^3/\text{h}$；余压 $P = 200\text{Pa}$；功率 $W = 0.214\text{kW}$ 外形尺寸（长×宽×高）：648mm×614mm×366mm 进风口（宽×高）：508mm×238mm 出风口（宽×高）：390mm×166mm	1	自带 0～10V，故障报警接口；零电流启动，0～100% 无级自动调速
2	低阻消声器	长度 $L = 1200\text{mm}$，尺寸（长×宽×高）：1200mm×600mm×450mm；消声厚度 100mm 风量 $Q = 350\text{m}^3/\text{h}$；余压 $P = 150\text{Pa}$	1	连接方式：共板法兰
3	自适应支路风机	功率 65W；外形尺寸（长×宽×高）：858mm×370mm×240mm；接口尺寸：$\phi160$	5	自带 0～10V，0～100% 无级自动调速
4	三通风机	主管进（出）风尺寸：400mm×250mm；支管接口尺寸 $\phi160$	1	自带 0～10V，0～100% 无级自动调速
5	下出风口	接口尺寸 $\phi150$	3	
6	侧出风口	接口尺寸 $\phi150$	5	
7	HDPE 新风管	$\phi110$	1 个 12m	配 22 个不锈钢喉箍

需要说明的是，该系统实验台中的支路风机为新开发的自适应风机，其基本原理为可根据实际风量需求自动采集风机内部参数并进行自适应整定，采用特定算法，融入核心的自适应风量逻辑的芯片计算风机转速的修正值来稳定风量，不需要外置风速或风量传感器。即风量的大小与电压信号（或档位）有关，可通过手动调节档位或根据空气品质传感器探测的 0～10V 信号进行风量调节。该实验测试时，仅运行主风机和 1#～4#四台支路风机，其他支路风机及三通风机关闭。

2. 测试工具

采用 MP200 多功能压差风速仪测试支路入口静压和支路风速与风量，压力量程为 0～500Pa，误差为 ±（0.2% +0.8%）。

根据《通风与空调工程施工质量验收规范》（GB 50243—2016）风量测试要求，将圆形风管断面划分为三个面积相等的同心圆环，测点布置在各圆环面积等分线上，并在相互垂直的两直径上布置两个测孔。风速或压力为各个测点风速或压力的平均值。

3. 测试方案

本次实验重点是对支路风机的风量稳定性和抗干扰能力进行测试与分析，故在系统中仅开启主风机及 1#～4#支路风机，其他风机与支路处于关闭状态。测试方案分为两种情形：第一种情形为支路风机的单机性能测试，重点测试支路风机在不同入口压力下的风压风量性能曲线；第二种情形为支路风机在系统中的风量稳定性能（或称为抗干扰特性），重点测试在不同的风机运行组合下，支路风机受主风机及其他支路风机调节干扰后的风量稳定性能。

（1）单机性能测试　目的是进行单机自适应性能测试，获得风机在不同入口压力、不同档位下的风量和风压。

1）断开 2#支路风机与系统的连接，使其单独运行，分别调节支路风机档位为 10、7、

6、5、4、3，每个档位下通过调节风管出风口面积进行管网阻抗的调节，测试不同档位下的风量风压性能曲线。

2）模拟支路风机入口有压力情况。开启主风机和 2#支路风机，关闭其他支路风机。通过调节主风机转速来模拟调节 2#支路风机入口具有一定的压力，测试支路风机不同档位下风量与支路风机入口压力之间的关系曲线。

（2）系统联动测试　支路风机在系统中联动运行，分析支路风机在其他风机调节下的风量变化情况，即风量稳定性或抗干扰特性。

1）支路风机调节工况。即主风机档位不变，其他支路风机调节时的 4#风机风量变化情况，目的是研究一个支路风机在其他支路风机调节时风量保持稳定的能力。

2）主风机调节工况。即主风机调节，支路风机不调节时的风量变化曲线，目的是研究各支路风机风量抗主风机调节的干扰能力。

3）主风机及支路风机联动调节工况。即主风机和 1#、2#两支路风机调节，其他支路风机的风量变化曲线。目的是为了研究 3#、4#两支路风机风量（其中 3#支路风机设定为 10 档，4#支路风机设定为 5 档）抗主风机和 1#、2#两支路风机调节的干扰能力。

3.4.2　测试结果

1. 自适应支路风机风量风压特性

（1）支路风机入口压力为零的工况　2#支路风机单机运行，不接入系统，这种情况是支路风机直接接入大气，为入口压力为零的情况。支路风机不同档位下的风量风压性能曲线如图 3-17 所示。

该支路风机 10 档运行时（如图 3-17 中虚线所示），风量在 400m³/h 时的压力范围较广，为 0～150Pa，也就是说，此台支路风机若安装在管网阻力处于 0～150Pa 范围内或管网阻力动态变化在此范围内的情况下，风机在 10 档下的运行风量可以稳定保持在 400m³/h，而当管网阻力大于 150Pa 时，该支路风机的风量则会变小。这说明了该支路风机的风量稳定能力具有一定的压力范围（0～150Pa），在此压力范围内则可稳定风量为 400m³/h。

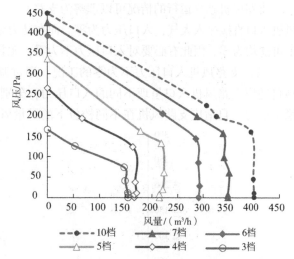

图 3-17　支路风机在不同档位的风量风压性能曲线

需要特别说的是，由于该支路风机为自适应风机，因此该曲线并不是某一转速下的风量风压曲线，而是风机随着管网阻力变动进行追踪调速下的风量风压曲线，其反映了自适应风机适应管网阻力变化而稳定风量的能力。

由图 3-17 可知，该支路风机在不同档位下的稳定风量及其对应的压力范围参数见表 3-3，对应的稳定风量与档位关系如图 3-18 所示。

表3-3　不同档位下的稳定风量及风压范围

风机档位	稳定风量/（m³/h）	风压范围/Pa
10	400	0~150
7	350	0~150
6	300	0~150
5	220	0~140
4	170	0~120
3	150	0~80

由表3-3与图3-18可知，自适应支路风机在不同档位下运行，在一定的压力范围内，均具有一定的风量稳定能力，在10档、7档和6档时，稳定各档位对应风量的风压范围为0~150Pa，然后随着自适应支路风机档位的下降，稳定风量的风压范围变窄，直至3档时稳定其风量的风压范围为0~80Pa。由图3-18可知，稳定的风量与档位并不完全存在线性关系。其中档位从10档降至7档时，稳定风量变化幅度较小，而从7档降至3档时，稳定风量变化幅度较前者大。

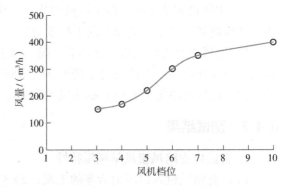

图3-18　支路风机入口压力为零条件下的稳定风量与档位关系

支路风机独立运行的情况可以理解为支路风机入口直接接入大气，入口压力为零。而在动力分布式通风系统中，每台支路风机入口压力不可能均为零。因此有必要对入口压力不为零，尤其是入口压力为正压的情况进行研究。

（2）支路风机入口压力不为零的工况　通过调节主风机档位（10档至3档），模拟调节2#自适应支路风机入口呈现不同的入口压力，分别测试自适应支路风机在不同档位下的风量稳定能力。自适应支路风机在不同档位下的风量风压性能曲线如图3-19所示。

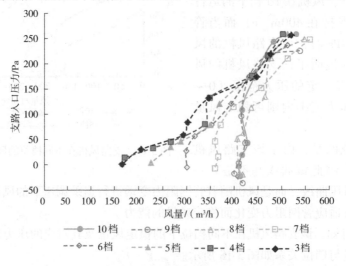

图3-19　支路风机在不同档位下的风量风压性能曲线

由图 3-19 可知，自适应支路风机 10 档运行时（图 3-19 中实线所示），当入口压力在 − 20 ~ 110Pa 时，风量基本稳定在 415m³/h，随着入口压力的增大，风量随之增大。当支路入口压力增大到 250Pa 时，风量增大到 530m³/h，风量增大比例为 30%。因此可得，该支路风机稳定风量为 415m³/h，适配的支路风机入口压力范围为 − 20 ~ 110Pa。

由图 3-19 可知，支路风机在不同档位下，稳定风量及其适配的入口压力关系见表 3-4。

表 3-4　不同档位下的稳定风量及其适配的入口压力关系

风机档位	稳定风量/（m³/h）	入口压力/Pa
10	415	− 20 ~ 110
9	415	− 37 ~ 100
8	415	− 20 ~ 110
7	370	− 7 ~ 110
6	320	− 5 ~ 80
5	250	0 ~ 50
4	220	0 ~ 30
3	200	0 ~ 30

由表 3-4 可知，支路风机入口压力不为零的情况下，在不同档位下仍具有稳定风量的能力，且随着档位的降低，风量下降，随着自适应支路风机稳定风量的入口压力范围变窄，从 10 档稳定风量 415m³/h 下入口压力范围为 − 20 ~ 110Pa 到 3 档稳定风量 200m³/h 下入口压力范围为 0 ~ 30Pa，由此可知，该支路风机在高档位时的稳定风量所需要的入口压力范围要广，管网的适应性更强。

稳定风量与档位关系如图 3-20 所示，由此可知，支路风机入口压力不为零时，稳定风量与档位不存在完全的线性关系，档位从 10 档降至 8 档时，稳定风量基本不变，档位从 7 档降至 5 档时，风量变化率较大，档位从 5 档降至 3 档时，稳定风量变化率相对减小。该规律与图 3-18 支路风机入口压力为零条件下的稳定风量与档位关系的规律一致。由此可知，利用自适应支路风机的风量稳定性能，一定要掌握稳定风量与档位、适配压力范围的关系，方能进行较好的风量调节。

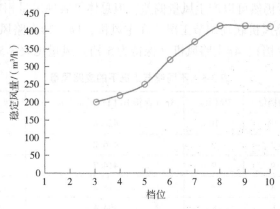

图 3-20　支路风机入口压力不为零条件下的稳定风量与档位关系

2. 系统中的自适应支路风机运行特性

（1）支路风机调节工况　图 3-21 为主风机保持在 10 档不变，1#、2#、3# 支路风机档位同步调节后（从 10 档逐步调到 3 档），4# 支路风机在不同档位下的风量变化情况。

由图 3-21 可见，4# 自适应支路风机在不同的档位下，风量稳定能力较好，分别为 150m³/h（4 档），200m³/h（5 档），250m³/h（6 档），320m³/h（7 档），400m³/h（10 档）。

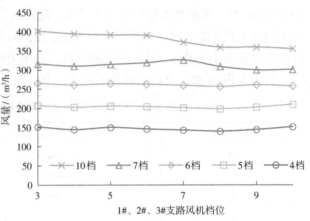

图 3-21　4# 支路风机风量变化

（2）主风机调节工况　图 3-22 为主风机档位调节（从 10 档逐步调到 3 档），自适应支路风机档位不变时（1#、2#、4# 支路风机档位为 10 档，3# 支路风机档位为 5 档）的风量变化情况。

由图 3-22 可知，各自适应支路风机风量变化相对较小，偏差 ±10%；3# 支路风机位于 5 档，风量稳定在 200m³/h；1#、2#、4# 支路风机档位均为 10 档，2#、4# 支路风机风量基本相当，约为 400m³/h，但 1# 风机风量为 500m³/h，且波动相对较大，这是由于 1# 风机靠近主风机，入口正压力太大，导致该压力超过其稳定风量的适配压力范围，因此在相同档位下比 2#、4# 风机风量大

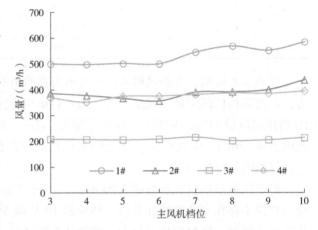

图 3-22　主风机档位工况下的支路风机风量变化

100m³/h。这就再次说明，自适应风机稳定风量的能力是基于一定入口压力的范围，超过这个范围，支路风机运行仍然可以产生风量偏差，但总体可表现风量相对稳定的趋势。

（3）主风机及支路风机联动调节工况　在主风机，1#、2# 支路风机档位联合调节下，3# 支路风机（保持为 10 档）、4# 支路风机（保持为 5 档）风量见表 3-5，如图 3-23 所示。

表 3-5　不同调节工况下的支路风量

工况	主风机档位	1#档位	2#档位	3#（保持 10 档）风量/(m³/h)	4#（保持 5 档）风量/(m³/h)
1	10	10	10	428.8	251.2
2	10	9	9	416.2	223.3
3	9	9	9	414.7	248.0
4	9	8	8	378.5	237.8
5	8	8	8	394.4	240.7
6	8	7	7	379.9	240.7

（续）

工况	主风机档位	1#档位	2#档位	3#（保持 10 档）风量/（m³/h）	4#（保持 5 档）风量/（m³/h）
7	7	7	7	381.4	239.3
8	7	6	6	345.1	242.2
9	6	6	6	379.9	229.1
10	6	5	5	382.8	234.9
11	5	5	5	368.3	232.0
12	5	4	4	365.4	237.8
13	4	4	4	369.8	236.4
14	4	3	3	368.3	232.0
15	3	3	3	349.5	233.5

由图 3-23 可知，主风机和两个支路风机（1#、2#）档位变化时，3#风机保持在 10 档的平均风量为 380m³/h；4#风机保持在 5 档的平均风量为 240m³/h。两支路风机（3#、4#）风量相对比较稳定，偏差为 ±20%。

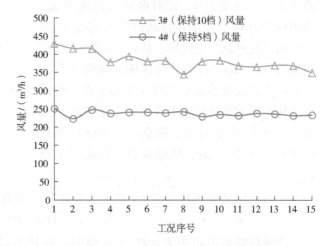

图 3-23　不同组合调节工况下的支路风量

3.4.3　支路风机性能分析

前文已述，在动力分布式新风系统中支路风机存在着入口压力为零、负和正的三种水力状态，且在实际运行中存在随着通风工况而产生支路风机运行的水力状态切换现象。这显示了动力分布式通风系统中的支路风机选型的重要性。支路风机在系统中存在着支路入口压力不同的情况，不仅要求在设计工况下达到风量要求，还要求工况调节下也具有对应的稳定风量的能力。这是该系统良好运行的重要技术保障。

传统的支路风机性能曲线一般是固定转速下的风量风压关系曲线，呈现出风量增大，风压降低的对应关系。一般采用固定转速下的风机性能曲线与通风管网的特性曲线交点确定风量及其运行风量下的风压，当管网阻力特性不变时，风机的运行状态点不变。当管网阻力增大时，风机的流量减小，其提供的压头增大。

而自适应支路风机是一种新型的可根据风量要求进行动态追踪调速的风机，本节所述的风量风压特性曲线并不是常规意义上的风量风压曲线，而是在不同管网阻力特性下，风机适配其特性而呈现出的风机调速下的风量风压曲线。也就是说，对于某一管网，设计时确定了风量，采用自适应支路风机提供压头，当管网阻力增大时，自适应支路风机可自动将风机转速调大，从而调大压力且稳定风量，当管网阻力减小时，可自动调小风机转速，减小压力且稳定风量。因此，自适应风机是以提供具体的风量大小为直接目标来进行调速匹配的。测试结果显示自适应风机在调节工况下具有风量稳定性能，但仍不能忽视其风压适配范围。因此在动力分布式系统中，应充分分析不同支路的入口压力，分析其是否处在风量稳定条件下的风压范围。这也是保障系统风量可靠地达到设计要求及良好运行的关键。

3.4.4 自适应支路风机的理论基础与控制

风机恒风量控制方法有多种形式，这里以图3-24例举其中的一种进行阐述。

假设风机开始在曲线1和4的交点 a 正常运行，此时电动机转速为 n_a，输出风量为预设风量 Q_1。当系统风道的风阻适当增加时，如果是转速闭环系统，转速不变，工作点将从 a 转到曲线1、5的交点。但若维持电压不变，使风机电动机转速增加，系统的输出将会运行到曲线2和5的交点 b，此时电动机转速为 n_b，输出风量为 Q_2，系统正是通过测试转速 n_b 从而推断风机风阻的变化的。从 a 点运行到 b 点，风量减少了 ΔQ。控制器的作用就是将工作点由 b 点沿曲线5移动到曲线3上的 c 点，使得驱动风机的电动机转速上升到 n_c。系统输出风量增加 ΔQ，恢复到预设值 Q_1。当然此时风机的风压也上升了 Δp，风机在新的稳定点 c 点运行。

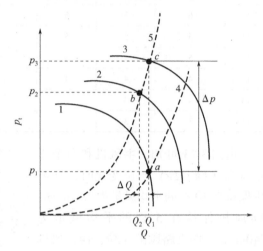

图3-24　风机调节运行工况图

设风机输出功率 P、转速 n 和风阻系数 k_p 三者有如下函数关系：

$$k_p = f(n, P) \tag{3-43}$$

当风机的输出功率 $P = P_c$ 为定值时，风机电动机转速的变化反映了风道特性的变化，即：

$$k_p = f(n_{test}, P_c) \tag{3-44}$$

通过测量风机实际转速 n_{test} 值就可以推断出风阻系数 k_p。

同理可假设风机的转速 n、输出风量 Q 和风阻系数 k_p 三者呈如下函数关系：

$$n = g(k_p, Q) \tag{3-45}$$

因此，当得知风阻系数 k_p，如果预设输出风量 Q_c，那么此时风机的设定转速 n_{out} 为：

$$n_{out} = g(k_p, Q_c) \tag{3-46}$$

联立式（3-44）和式（3-46），即可得出为满足恒风量输出所需的风机输出设定转速 n_{out} 和实际测试转速 n_{test} 的关系：

$$n_{out} = g[f(n_{test}, P_c), Q_c] \tag{3-47}$$

如果没有风速传感器则无法检测风量 Q 的变化量 ΔQ，这里假定实际对象是一个风道，用风阻系数来表示风道的特性，每次运行时其特性基本不变。当给定一个恒定的输出功率时，此时电动机转速为某一恒定值。如果改变风阻系数，那么在同一输出功率下风机转速将发生变化。由式（3-44）可以看出，同一输出功率下的风机电动机转速可以反映风道的风阻系数。由于风阻系数和风机转速不是线性关系，所以在得知风阻系数后可以通过查 n_{test} —

n_{out} 表（$n_{test} - n_{out}$ 表是测试的风机电动机转速与实际需要的转速的一个对照表，针对不同的风机，该表是不同的）的方法得到需要的风机电动机转速，通过对风机电动机转速的调节实现预设的风量输出。而 $n_{test} - n_{out}$ 表中的数据可根据特定的风机通过计算得到，必要时再对该计算值做适当的实验修正，一般能满足风机恒风量控制精度的要求。其控制策略如图 3-25 所示。

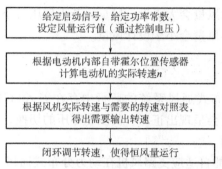

图 3-25　恒风量运行控制策略

图 3-26 为按照此控制策略下的某款风机的恒风量性能曲线图表。

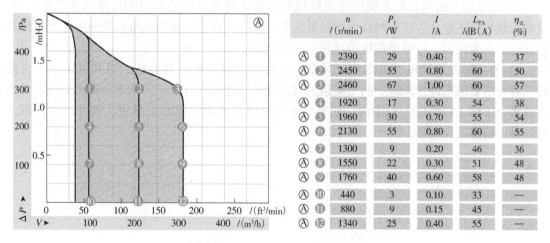

		n /(r/min)	P_1 /W	I /A	L_{PA} /dB(A)	η_{tL} /(%)
Ⓐ	❶	2390	29	0.40	59	37
Ⓐ	❷	2450	55	0.80	60	50
Ⓐ	❸	2460	67	1.00	60	57
Ⓐ	❹	1920	17	0.30	54	38
Ⓐ	❺	1960	30	0.70	55	54
Ⓐ	❻	2130	55	0.80	60	55
Ⓐ	❼	1300	9	0.20	46	36
Ⓐ	❽	1550	22	0.30	51	48
Ⓐ	❾	1760	40	0.60	58	48
Ⓐ	❿	440	3	0.10	33	—
Ⓐ	⓫	880	9	0.15	45	—
Ⓐ	⓬	1340	25	0.40	55	—

图 3-26　某款风机的恒风量性能曲线图表

3.4.5　自适应支路风机的性能表征及工程应用

本测试的自适应风机稳定 $400m^3/h$ 风量（误差为 ±10%）的适配支路入口压力范围为 $-150 \sim 110Pa$（此处认为支路的阻力为 0），因此自适应支路风机的性能表征参数可以为稳定风量 Q 和压力适配范围 $P_1 \sim P_2$。当支路风机单机运行，可以认为其入口压力为零时的风量，其提供的压力在适配压力范围 $P_1 \sim P_2$ 内，风量 Q 能够稳定。当支路风机入口压力为负时（即 $-P_0$），只要入口压力负值的绝对值小于适配入口压力范围的上限值（即 $P_0 < P_2$），其仍可以保证风量 Q 稳定；当支路风机入口压力为正时（即 P_0），只要入口压力值小于适配入口压力范围下限值的绝对值（即 $P_0 < |P_1|$），其仍可以保证风量 Q 稳定。

但实际工程中，支路的阻力不可能为零，因此在具体的支路自适应风机匹配设计中，需对该稳定风量的适配压力范围做修正。对于自适应风机风量为 Q 时的适配支路入口压力范

围为 $P_1 \sim P_2$，当支路阻力为 P 时，其稳定风量为 Q 时的适配支路入口压力范围即修正为 $(P_1 + P) \sim (P_2 + P)$。

　　工程应用中，需首先根据设计支路风量下的阻力对适配压力范围进行修正，其次再看该自适应支路入口压力是否处于修正后的压力范围内，如果处于修正后的范围内则说明可以稳定风量，若处于该范围之外，则会偏离设计风量。若入口压力大于修正后的范围上限值，说明该自适应支路风机的实际风量会大于设计风量，若入口压力小于修正后的范围下限值，说明该自适应支路风机的实际风量会小于设计风量。

3.4.6　小结

　　1）支路风机在动力分布式通风系统的运行中存在着入口压力为正压、负压和零的情况，且随着通风工况的变化会呈现出正压、负压和零压的切换。不同的支路入口压力对支路风机的运行存在一定的影响。

　　2）具有风量稳定能力的自适应支路风机在动力分布式通风系统中具有重要作用，可解决风量偏移及调节工况下的风量稳定性问题。但自适应支路风机在稳定风量下具有相适配的入口压力范围，且该适配压力范围随着档位的降低呈现变窄的趋势。

　　3）自适应支路风机在系统中受主风机和其他支路风机调节而影响自身风量程度较小，呈现了较好的风量自适应管网特性和风量抗干扰能力。自适应支路风机具备多种稳定风量及其适配的压力范围，可满足系统设计和动态调节需求。

　　4）自适应支路风机可采用稳定风量及适配压力范围表征其性能，当其处于某一支路时，首先需要根据设计风量下的支路阻力对适配压力范围进行修正，其次再看该支路入口压力是否处于修正后的压力范围内，如果处于范围内则说明可以稳定风量，若处于该范围之外，则会偏离设计风量。

第4章 动力分布式通风系统的调节与控制

动力分布式通风系统存在着有管道和无管道两种系统。两者均具有末端调控和系统调控两种方法。其中末端调控为每个模块的调节，这涉及通风的需求感测及保障方法；系统调控则根据流体输配管网理论来调节主风机的风量。

4.1 末端调控方法

新风需求感测技术主要有智能感测与人工感测。智能感测是指利用具有信息检测、信息处理、信息记忆、逻辑思维与判断功能的智能传感器对所需数据等信息进行采集、处理与交换。人工感测是利用人体的感知器官（如鼻）对环境进行一种感官上的反应判断，由需求人员直接发出信号。新风系统的智能感测是利用现代化仪器设备（如 CO_2 传感器、空气品质传感器）设定控制参数的范围，当监测到控制参数偏离设定范围时进行逻辑判断，经过信息处理作用于风机进行风量调节。新风系统的人工感测是指依据新风需求区域内人员的主观感受，将此主观评价输入控制系统，通过信息处理作用于风机实现新风量的调节。智能感测客观性强，而人工感测主观性较强，且个体差异性较大，但能够最大限度地满足人的个性需求，但是这种控制方案，由于人的行为惯性容易造成能源浪费。

通风保障模式主要有智能保障、人工保障和人机联保。

4.1.1 智能保障

智能保障是客观保障，主要有两种方式，一种为采用实时追踪的传感器进行控制，另一种为通过输入预设运行函数并按照其控制逻辑运行。传感器实时追踪客观控制法是依据各个功能区的 CO_2 浓度数值，通过 CO_2 传感器将浓度信号反馈至逻辑运算和控制器，通过信息处理，作用于风机，实现风量调节。预设运行函数控制法是基于大量数据分析总结提炼出运行规律函数而进行控制的方法。通过规律函数预判各个区域的通风需求趋势，进行风机控制管理。这种控制法的关键在于建立合理的预判参数以及提供简便的人为干预入口。

自动控制模式依靠自动控制系统，搭配室内空气品质监测系统或房间压差监测系统，根据表征房间空气品质的污染物质量浓度信号或房间压差信号来调节相应房间的末端模块。室内空气品质监测系统包括激光粉尘传感器 QK-P(图 4-1a)、CO_2 传感器 QK-C (图 4-1b)、空气品质传感器 QK-V （图 4-1c） 等。

内置式探头　　外置式探头

a)　　　　　　　b)　　　　　　c)

图 4-1 空气品质传感器

空气品质传感器将监测到的房间污染物浓度信号反馈给房间送风模块，通过信息处理，作用于动力源，实现送风量的调节，排风模块则与送风模块进行联动，排风模块档位按照90%～95%新风量进行调节，控制逻辑如图4-2所示。

对于负压需求房间，则搭配房间压差传感器（图4-3），根据房间压差信号对排风模块进行自动调节，保障房间负压需求。

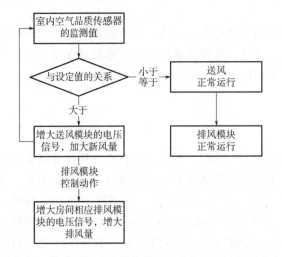

图4-2　普通房间动力分布式通风系统智能控制逻辑　　　　图4-3　压差传感器

负压通风系统控制逻辑如图4-4所示。

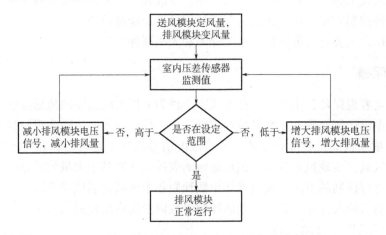

图4-4　负压病房动力分布式通风系统智能控制逻辑

4.1.2　人工保障

人工保障实际上是一种主观控制保障，主观控制法的依据是新风需求区域人的主观感受，通过控制面板将人的主观评价输入系统，联动风机调节新风量。这种控制方式能够最大程度地满足人员对新风量的个体主观需求，但是这种控制方法的新风需求由于人的行为惯性可能会使得支路风量一直处于高风量运行状况，容易造成能耗浪费。该方式适合家居环境、办公室、客房等。

手动控制模式下，室内人员通过房间内的控制面板（图 4-5），根据自己的体验感来输入自己需求的风量，通过手动调节调速控制面板的控制电压输出，改变输出至房间模块的 0~10V 控制电压，实时控制风机运行状态，从而控制送风模块调节新风量。

图 4-5　房间控制面板

对于常规房间，一个控制面板同时控制送、排风模块，排风模块档位按照 90%~95% 新风量进行调节，保证室内微正压，其控制逻辑如图 4-6 所示。

对于负压病房，手动控制模式由调适人员根据病房压差需求调适完成后，可将房间面板设置为锁定模式，关闭用户手动调节权限，这种控制方式应用于平疫结合型建筑中，可以实现通风系统平时和疫时状态的快速转换，其控制逻辑如图 4-7 所示。

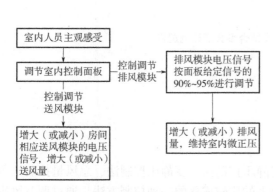

图 4-6　常规房间手动控制逻辑

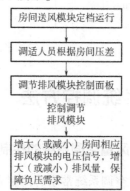

图 4-7　负压房间手动控制逻辑

4.1.3　人机联保

所谓人机联保就是将智能感测与人工感测相结合的联合感测技术，设置实时追踪传感器或设置预设运行函数，同时保留人为主观控制面板。当人工不干预时，系统按照实时追踪传感器或预设运行函数进行控制运行；当人工干预时，室内人员可自主调节新风量，但是只具有一定的调节权限。

保留手动控制面板，室内人员可自主调节新风量，但是限定调节权限与调节时效。如可以当室内人员感觉室内空气质量较差时，主动去调节支路风机转速，根据设计前对该房间通风效果计算，这时支路风机转速增加一倍，但运行时间只有 20min。又如当主观控制（手动调节）增大的新风量使房间污染物浓度低于设定的下限值时，客观控制（自动控制系统）将自动减小新风量；反之，将自动增大新风量。这样可以实现较好的控制效果，又不至于造成能源浪费。这种控制方式适合公共建筑的各种区域，如办公室、病房、会议室等。

研制手动自动结合的控制模式，制订平疫结合型智能控制模式，实现房间平时和疫时下通风系统的快速切换，有效保障房间室内的空气安全，控制逻辑如图 4-8 所示。

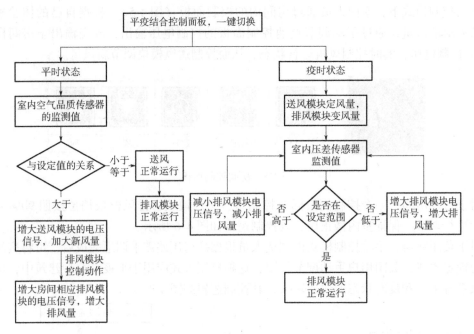

图 4-8 平疫结合型智能控制逻辑

4.2 系统调控方法

4.2.1 变风量空调系统的控制方法

变风量空调系统常用的控制方法为定静压控制法、变静压控制法、总风量控制法等。定静压控制法是变风量空调系统最早发展起来的比较成熟的一种控制方法，通过调节风机保持风道某一点或几点平均的静压恒定不变，以满足设计资用压力，克服下游风道、末端装置及风口的阻力损失。变风量空调系统中房间温度控制环节和空调机组温度及风量控制环节分开设置，控制比较简单。压力测点的位置决定了系统的能耗和稳定性。测点距风机出口越近，静压设定值越大，越不利于节能，但压力调节稳定；测点距风机出口越远，静压设定值越小，节能效果越明显，但压力调节振荡也越明显。

变风量空调系统变静压控制法弥补了定静压控制方法能耗大、噪声高的缺点。变静压控制是在定静压控制运行的基础上，阶段性的改变风管中压力测点的静压的设定值，在适应设定流量的要求的同时，尽量使静压保持在允许的最低值，以最大限度节省风机的能耗。由于变静压控制方法运行时的静压设定值是系统允许的最小静压，因此这种方法也称为最小静压法。有文献提到的解决方案是：当末端流量达不到设定流量值时，会向静压设定控制器发出警报信号，当一定数量的末端（一般取 2 个或 3 个）发出警报时，则静压设定控制器的静压设定值增加一定值；而当处于警报状态的末端数少于一定值（一般是 1 或 0）时，将静压设定值减少一个预定步长。

总风量控制法是根据各个末端的需求，综合进行逻辑运算来控制调节主空气处理机组。其控制方法较多，具体可参考相关内容。

4.2.2 动力分布式通风系统的调控方法

1. 总风量控制法

现有常用控制过程如下：每个支路末端均有支路风机，将代表支路风机运行状态的控制信号（0～10V）传输到 PLC 进行加权计算并修正以得出主风机的运行电压信号值（0～10V），从而实现系统自动调速运行，如图 4-9 所示。

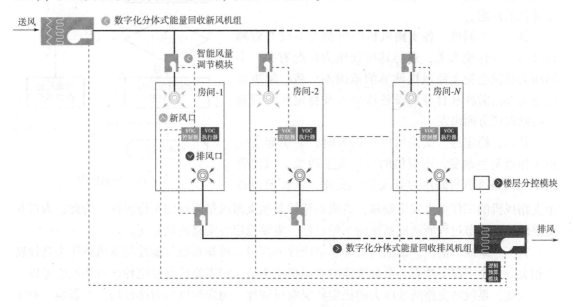

图 4-9 常用控制方式系统图

此控制方法主要存在以下问题：

（1）控制精确存疑 所有支路风机的运行状态所给出的电压信号的加权平均值不能完全反映系统风量需求状况，即使加权平均计算出来的电压信号是一个值，但不同位置处的支路风机的运行组合方式却是多种多样的，由此带来的管网特性也不一样，而此时的主风机运行电压信号却是一样的，显然存在一定误差。

（2）初投资较大 由于需要收集各个末端风机的运行状态信号，为此对末端风机的性能有一定要求，或需要配备一些控制装置。控制系统需要增加较大初投资与较大施工费用。

（3）施工难度较大 这种控制方式需要在各个支路风机上连接控制信号线，并将控制信号线连接到主风机处，增加了综合布线难度。

（4）控制系统可靠性差 由于拥有多个测点，多个传输信号，这也增加了运行维护难度，若损坏不及时维修，又将带来测试误差。

2. 干管静压设定控制法

（1）基本控制思路 根据设计状况选定主干管需要稳定的静压值，利用压差传感器监测干管静压，通过改变主风机运行转速来控制主干管静压，使其稳定在设定静压值，控制框图如图 4-10 所示。

干管静压设定控制法不同于现有的控制方式，主要体现在：

1）静压设定点方便。静压设定点不再苛刻，在干管稳定气流管段设置监测点即可，减小布线难度，降低了施工成本。

2）设定静压值可变。根据实际需要，静压值可以在后期运行维护过程中改变，或者在调试过程中预先设定静压值变化规律。

（2）理论可行性分析 动力分布式通风系统最大的优势就是支路风量可根据需要调节，这里涉及三个关键性的问题。

其一，可调性。各支路风机的可调性不仅与管网以及自身的性能有关，还与其所处压力状况有关。不同压力状况会使支路风机调节的范围不一致。解决该问题的办法需要从自身的设备选型以及稳定所处管道压力状况两方面出发。

其二，稳定性。支路风机在调节时，会引起主风机工作点发生改变，所提供的风压发生改变，致使管网不同支路风机所处压力状况发生变化，从而使得各个支路风机的工作点也发生偏移，造成系统的其他支路风量运行的不稳定性。为此，为避免支路风机在调节过程所造成系统的不稳定性，需要稳定各支路所处静压。

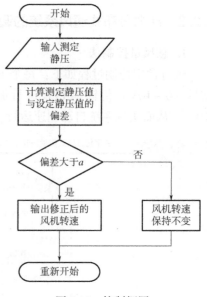

图 4-10　控制框图

其三，系统节能性。根据前文关于节能性的探讨，可知系统节能性与主风机压头选择密切相关。每个工况下均有一个最节能的主风机压头值。但需要综合稳定性、可调性来考虑。

为此，系统各支路所处压力的稳定状况对可调性、稳定性以及节能性均具有影响。对于动力分布式通风系统，由于在设计上采用了取消阀门调节，主风机压头的选择一般不满足最不利环路的阻力损失，整个系统管道的压力值较小，系统节能性要高，但支路风机的调节会造成系统较大波动，为此对于动力分布式通风系统保持系统的稳定是当务之急。所以在干管静压设定控制点符合实际需求可能。

（3）干管静压设定控制法特点 通过对干管静压设定的探讨，可以发现干管静压设定控制法有以下四个特点：

1）节能。对于采用该控制法首要目的是为了实现节能效果。风机能耗与风压、风量直接相关，通过设定干管静压，随着风量需求变化而改变风机转速从而实现节能。节能效果与设定静压值有直接关系，而静压设定值与管网所有支路风机不同运行状态有关，静压设定值既可以先期预设，还可以在实际运行维护阶段更改，从而实现最佳的节能效果。也就是说，静压设定值可以在一段时间内为定值，也可以是某一函数关系的变化值，具体应根据各个工程需要进行调整。

2）运行可靠。通过保证干管静压，可以稳定各个支路风机所处静压状态，从而保证支路风机的调节性能，提高系统的稳定性能。涉及支路风机与主风机的配合选型，并与设定点、设定值有关。

3）施工难度低。该控制方法在整个通风管道施工完成后布置，只需在干管稳定端面布置测点，连接少许线路。

4）初投资低。相对于现有控制方式，这种方式相对成本较低。每个通风系统只涉及

PLC 以及压差传感器的成本。并且无需末端风机提供控制信号，性能要求降低，从而可削减末端风机成本。

（4）系统控制原理图　系统控制原理图如图 4-11。

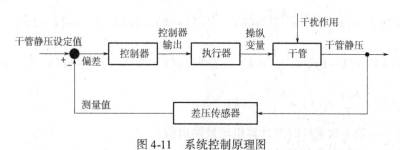

图 4-11　系统控制原理图

其中：控制器为可编程逻辑控制器 PLC（Programmable Logic Controller），将差压传感器测得的管道静压值与给定的干管静压值进行处理分析，采用 PID 控制，并输出控制信号给执行器。

执行器为主风机。由 PLC 给出输出控制信号（0～10V）给主风机，主风机根据接收的控制信号（0～10V）实现风机调速，以满足干管静压要求。

干扰作用：下游支路风机的开启与关闭均会影响干管的静压变化。此外，风管的振动也会造成管道静压值发生小波动，影响控制精度以及死区的设定。

（5）PID 控制

1）PID 控制原理。PID 调节又称比例、积分及微分调节。PID 控制是最早发展起来的控制策略之一，具有简单可靠、容易实现等优点。因为它所涉及的算法和控制结构都很简单，并且十分适用于工程应用，其控制效果一般是比较令人满意的。对于典型的单位负反馈控制系统，PID 控制器表示为：

$$u = K_p \left(e + \frac{1}{T_I} \int e \, dt + T_D \frac{de}{dt} \right) \tag{4-1}$$

式中　e——测量值与给定值之差；

　　K_p——调节器的比例系数；

　　T_I——调节的积分时间常数；

　　T_D——调节器的微分时间常数。

这里的偏差 e 为差压传感器测得的静压值与给定静压值的偏差，而输出 u 为经过 PID 算法后得出的主风机控制电压信号。

当计算机进行偏差处理时，只能根据采样时刻的偏差值来计算控制量，因此，在计算过程中，对式（4-1）进行离散化处理，用数字形式的差分方程代替连续的微分方程，PID 控制算法的离散形式为：

$$u(k) = K_p \left[e(k) + \frac{T}{T_I} \sum_{j=0}^{k} e(j) + T_D \frac{e(k) - e(k-1)}{T} \right] \tag{4-2}$$

式中　T——采样周期，必须使 T 足够小，才能保证系统有一定的精度；

　　$e(k)$——第 k 次采样时的偏差值；

$e(k-1)$——第 $k-1$ 次采样时的偏差值；

k——采样序号;

$u(k)$——第 k 次采样调节器的输出。

对于式（4-2）PID 增量控制表达式为:

$$\Delta u(k) = K_P\left[e(k) - e(k-1)\right] + \frac{K_P T_S}{T_I}e(k) + \frac{K_P T_D}{T_S}\left[e(k) - 2e(k-1) + e(k-2)\right]$$

$$= K_P\left[e(k) - e(k-1)\right] + \frac{K_P T_S}{T_I}e(k) + \frac{K_P T_D}{T_S}\left\{\left[e(k) - e(k-1)\right] - \left[e(k-1) - e(k-2)\right]\right\}$$

$$= K_P e_2(k) + \frac{K_P T_S}{T_I}e_1(k) + \frac{K_P T_D}{T_S}e_3(k) \tag{4-3}$$

式中　$\Delta u(k)$——第 k 次采样时刻计算机增量输出值;

　　　e_1——控制对象的偏差;

　　　e_2——偏差变化的速度;

　　　e_3——偏差变化的加速度。

2）PID 控制的参数确定。实现 PID 控制的基本难点:比例系数 K_P、积分时间 T_I、微分时间 T_D、采样时间 T、死区的选取。确定这些参数有一些方法,同时需要一定的经验。

在 PID 调节中,比例作用是一种线性放大（或缩小）作用,误差一旦产生,比例控制就能迅速反映误差,从而减小误差,但不能消除稳态误差;积分控制的作用是不断地积累并消除误差,但如果积分作用太强（积分时间太短）,很有可能造成系统不稳定,产生振荡甚至发散,积分作用具有滞后性;微分控制能对误差进行微分,敏感出误差的变化趋势,微分时间越长,微分作用越强。确定 K_P、T_I、T_D 参数首先要识别被调节系统的开环特性;然后由此确定适宜的 PID 参数。

采样时间的确认:现有控制系统不同于连续观测系统,为离散观测系统。离散观测系统应遵循香农采样（Shannon）定理:只有变化周期为采样周期的两倍和两倍以上的信息才能有效地通过离散的采样方式得到并还原。采样时间不宜过短,否则采样速度频率过大,主风机调整也十分频繁;采样时间也不宜太长,否则不能根据需要及时调整主风机转速来保证其控制精度。

死区的选取要根据控制精度要求以及系统误差要求来定。死区越大,控制精度越小,系统波动频率越小;死区越小,控制精度越大,系统波动频率越大。

4.3　干管静压设定控制下的系统性能模拟与实验验证

4.3.1　模拟与实验的目的

1）通过模拟分析,验证基于干管静压设定控制法的动力分布式通风系统能够保证系统的稳定性。

2）通过实验研究,明确各静压下支路风机的调节能力,验证支路风机调节能力的影响因素;验证采用干管静压设定控制法后,动力分布式通风系统的稳定性。

3）通过对比模拟与实验的结果,分析模拟与实验之间的差异,以便今后对其他系统的模拟分析。

4.3.2　研究对象

1. 实验台搭建

主干管：320mm × 200mm，200mm × 200mm；末端支管：160mm × 120mm。风管长度如图 4-12 所示。整个实验台的搭建占地约为 15m × 4.5m，风管高出地面 0.6m，方便测试数据。

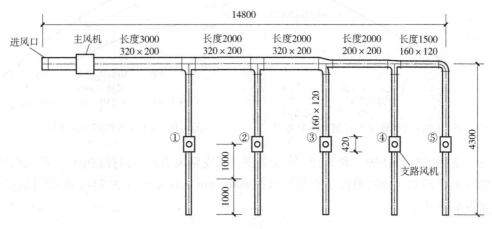

图 4-12　系统平面图

系统实物图如图 4-13 所示。

图 4-13　系统实物图

2. 主要设备

（1）空气品质传感器　空气品质传感器如图 4-14 所示，共采用 6 台，分别配置给 1 台主风机 5 台支路风机。只使用了空气品质传感器的手动控制功能，可手动调节 0 ~ 10V 的控制信号，用以控制主风机与支路风机运行状态。

（2）主风机 ET25　采用重庆海润节能技术股份有限公司的 R3G310-AJ40-71 型号电动机的 ET25

图 4-14　空气品质传感器

风机1台。实验前，测试了主风机在不同控制电压下的风机转速，结果如图4-15所示。同时测试了主风机在控制电压分别为6V、8V、10V时，即分别为1780r/min、2310r/min、2840r/min时的风机转速性能曲线，如图4-16所示。

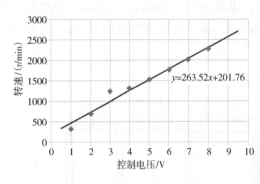

图4-15　ET25风机转速与控制电压趋势图

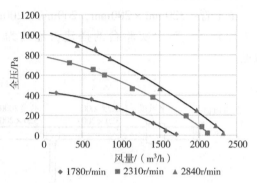

图4-16　ET25风机转速性能曲线图

（3）支路风机EMV26　共5台。实验前测试了支路风机在不同控制电压下的风机转速，结果如图4-17所示。同时测试了支路风机在800r/min（控制电压为7V）时的风机性能曲线，如图4-18所示。

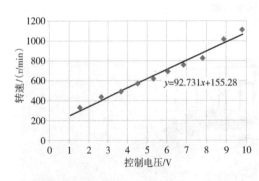

图4-17　EMV26风机转速与控制电压趋势图

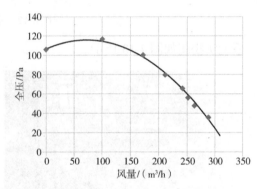

图4-18　EMV26风机性能曲线图

（4）风口　风口如图4-19所示，共计6个。可调节风口开度，也可作为各个支路阻抗调节，用以模拟实验各个支路阻力损失不平衡的通风管网状况。

图4-19　风口

4.3.3　模拟分析

1. 模拟步骤

根据通风管网实验台情况以及主要设备情况，采用环状管网水力计算与水力工况分析软件 1.0 进行模拟。

环状管网水力计算与水力工况分析软件 1.0，为重庆大学肖益民研制。该软件是在已知管网布置和各管段结构参数、风机的性能条件下，根据管网的流量平衡规律和压力平衡规律，求解管网的水力工况参数：如管段流量、管段压降、节点压力、风机的工作流量、全压等。它是以质量平衡和能量平衡为基本理论依据，借助图论工具，采用计算机程序得以实现。

具体模拟步骤如下：

1）针对模拟对象，建立环状管网模型。

2）输入管网相关参数以及风机性能曲线参数，并选择支路风机与主风机的性能曲线，使得各个送风口达到设计送风量 250m³/h 左右。

3）进行非控制状态下各个支路风机调节过程的模拟，具体过程见表 4-1。

表 4-1　支路风机在不同静压状态下调节能力测试表

调节支路	e_6（支路1）	e_7（支路2）	e_8（支路3）	e_9（支路4）	e_5（支路5）
初始状态	各支路风机处于 570r/min，主风机处于 1625r/min				
步骤 1	——	——	——	——	调到 830r/min
步骤 2	——	——	——	调到 830r/min	——
步骤 3	——	——	调到 830r/min	——	——
步骤 4	——	调到 830r/min	——	——	——
步骤 5	调到 830r/min	——	——	——	——
步骤 6	——	——	——	——	调到 320r/min
步骤 7	——	——	——	调到 320r/min	——
步骤 8	——	——	调到 320r/min	——	——
步骤 9	——	调到 320r/min	——	——	——
步骤 10	调到 320r/min	——	——	——	——

注：每个步骤调节一个支路，"——"表示保持不变。

4）重新设定主风机性能曲线为基于干管静压设定控制法下主风机运行曲线，并保证各个支路设置参数与步骤 3）的初始状态相同，并重复步骤 3）的 1～10 调节步骤。

5）对比分析两个模拟过程下，系统风量、各个支路风量变化状况以及各动力工作状况，进行相关数据处理，得出模拟结论。

2. 建立通风系统网络模型

（1）网络模型　建立通风管路模型，如图 4-20 所示。

（2）管道参数　输入各管段相关参数，虚

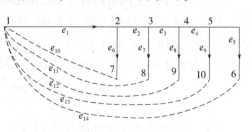

图 4-20　网络模型图

拟环路阻抗设为 0，详细参数如图 4-21 所示。

分支编号	起点	终点	直径/m	长度/m	总局阻系数	粗糙度/mm	设计流量/(m³/h)	计算阻力/Pa	阻抗/(kg/m⁷)	分支描述
1	1	2	0.246	4.5	2	0.00015	1250	0	550.6893	G
2	2	3	0.246	2.5	0.07	0.00015	0	0	27.11314	G
3	3	4	0.246	2.5	0.11	0.00015	0	0	37.82574	G
4	4	5	0.2	2.5	0.04	0.00015	0	0	49.32383	G
5	5	6	0.137	6	3.75	0.00015	250	0	10874.45	Z
6	2	7	0.137	4	5.15	0.00015	250	0	14627.65	Z
7	3	8	0.137	4	4.69	0.00015	250	0	13346.93	Z
8	4	9	0.137	4	4.15	0.00015	250	0	11843.49	Z
9	5	10	0.137	4	4.19	0.00015	250	0	11954.86	Z
10	7	1	0	0	0	0	0	0	0	虚拟
11	8	1	0	0	0	0	0	0	0	虚拟
12	9	1	0	0	0	0	0	0	0	虚拟
13	10	1	0	0	0	0	0	0	0	虚拟
14	6	1	0	0	0	0	0	0	0	虚拟

图 4-21　各分支设置参数

（3）各管段动力参数设置　如图 4-22 所示，分别在 e_1、e_5、e_6、e_7、e_8、e_9 管段设置风机，输入风机在额定转速下的三个工况（风量-风压），即可自动求出风机性能曲线数学公式表达式。具体如下：

序号	装置编号	所在分支	分支设计流量/(m³/h)	并联运行台数	额定转速/(r/min)	工作转速/(r/min)	类型
▶ 1	1	1	1250		2310	1625	风机
2	支路6	6	250	1	800	570	风机
3	支路7	7	250	1	800	570	风机
4	支路8	8	250	1	800	570	风机
5	支路9	9	250	1	800	570	风机
6	支路5	5	250	1	800	570	风机
*							

图 4-22　各管段动力参数

1）主风机性能曲线。模拟未采用控制系统时，根据主风机在 2310r/min 下所测得的风机性能曲线，拟合出主风机性能曲线的数学公式表达式如下：

$$P = -10^{-4}Q^2 - 0.148Q + 783.7 \tag{4-4}$$

将 2310r/min 的风机性能曲线设置为额定转速，根据相似律可求得其他转速下的数学表达式，在模拟过程中只需输入工作转速即可，模拟软件可自动求出其他风机转速下的性能曲线，无需另外求出其他转速的风机性能曲线的数学表达式。

2）干管静压设定控制下主风机的运行性能曲线。模拟采用干管静压设定控制法时，为了进行对比分析，根据未采用控制系统下的初始工况的参数而定。

初始状况下，主风机运行在 1625r/min，各个支路风机运行在 570r/min，主风机提供的全压为 124.6Pa，干管阻力损失为 60.7Pa。为此可以得出主风机提供给各个支路的全压为 63.9Pa，除去 16.3Pa 的干管动压，可以得出干管静压为 47.6Pa，即干管静压设定值为 47.6Pa。为此求出基于干管静压设定法控制下主风机的运行性能曲线为：

$$P = P_j + S_g Q^2 + \frac{\rho v^2}{2} = 47.6 + 5.389 \times 10^{-5} Q^2 \tag{4-5}$$

其中，P_j 为干管设定的静压值 47.6Pa，S_g 为干管阻抗 550.7kg/m⁷，$\frac{\rho v^2}{2}$ 为干管动压。

3）支路风机性能曲线。根据支路风机在 800r/min 下所测得的数据，可以拟合出风机性能曲线数学公式表达式如下：

$$P = -0.001Q^2 + 0.256Q + 106.4 \qquad (4-6)$$

同理可以求出 830r/min、570r/min、320r/min 下的风机性能曲线数学表达式。

3. 模拟结果与分析

（1）模拟结果　模拟结果见表 4-2、表 4-3。

表 4-2　未采用控制系统的模拟结果

步骤	e_6 支路 1 风量 /(m³/h)	e_7 支路 2 风量 /(m³/h)	e_8 支路 3 风量 /(m³/h)	e_9 支路 4 风量 /(m³/h)	e_5 支路 5 风量 /(m³/h)	总风量 /(m³/h)
0	234	234	241	240	244	1195
1	225	228	232	231	304	1220
2	217	219	222	291	296	1244
3	207	209	284	282	288	1270
4	196	270	276	274	279	1295
5	258	262	267	265	270	1322
6	274	278	284	283	152	1271
7	287	292	298	174	177	1227
8	295	300	200	197	207	1199
9	300	211	221	218	228	1178
10	237	223	233	230	241	1164

表 4-3　基于控制系统的模拟结果

步骤	e_6 支路 1 风量 /(m³/h)	e_7 支路 2 风量 /(m³/h)	e_8 支路 3 风量 /(m³/h)	e_9 支路 4 风量 /(m³/h)	e_5 支路 5 风量 /(m³/h)	总风量 /(m³/h)
0	234	237	241	240	244	1195
1	235	238	242	241	312	1269
2	237	240	244	307	313	1341
3	239	241	310	308	314	1413
4	241	306	311	310	315	1483
5	303	307	313	311	317	1552
6	301	305	311	310	225	1452
7	299	303	309	209	219	1339
8	296	301	205	202	212	1215
9	294	187	196	194	203	1074
10	199	180	188	186	195	949

（2）系统风量情况对比　对比两种过程系统风量变化，如图 4-23 所示。

通过图 4-23 可以看出，系统风量变化均逐步增大再逐步减小，这都符合系统 10 个调节过程。非控制作用下，其变化幅度较小，风量是由于主风机工作状态点在 2310r/min 转速下的性能曲线上游离所引起的。但在控制作用下，主风机工作状态点是由多转速下的工作点形成的，系统风量有效响应，更符合系统风量需求。

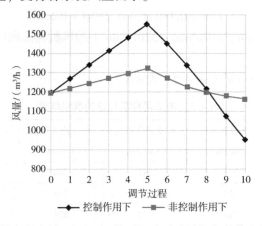

图 4-23　系统风量变化对比图

（3）各支路风量变化情况对比　未采用控制方法的调节过程中，调大过程中（步骤 1 ~ 5）支路风机由 570r/min 调大至 830r/min 时，支路 5 ~ 1 风量分别调大为 304m³/h，291m³/h，284m³/h，270m³/h，258m³/h，各支路调节后的风量最大差值为 46m³/h；而调小过程中（步骤 6 ~ 10）支路风机由 830r/min 调小至 320r/min 时，支路 5 ~ 1 风量分别调小为 152m³/h，174m³/h，200m³/h，211m³/h，237m³/h，最大差值为 85m³/h。

采用了控制方法的调节过程中，调大过程中（步骤 1 ~ 5）支路风机由 570r/min 调大至 830r/min 时，支路 5 ~ 1 风量分别调大为 312m³/h，307m³/h，310m³/h，306m³/h，303m³/h，各支路调节后的风量最大差值为 9m³/h；而调小过程中（步骤 6 ~ 10）支路风机由 830r/min 调小至 320r/min 时，支路 5 ~ 1 风量分别调小为 225m³/h，209m³/h，205m³/h，187m³/h，199m³/h，最大差值为 38m³/h。

由此可见，在相同调节过程中，干管静压设定控制法有稳定支路风机调节能力的作用。

除此以外，风机调节过程中，还会造成各个支路风机风量的相互影响，各支路风量变化情况如图 4-24 ~ 图 4-28 所示。

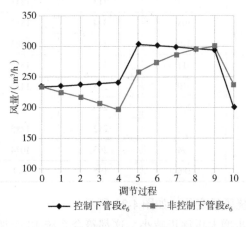

图 4-24　管段 e_6 风量变化趋势对比图

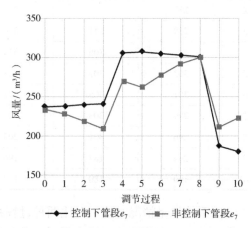

图 4-25　管段 e_7 风量变化趋势对比图

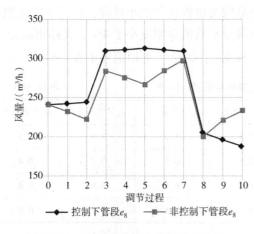

图 4-26　管段 e_8 风量变化趋势对比图

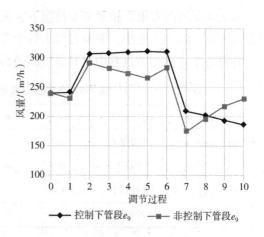

图 4-27　管段 e_9 风量变化趋势对比图

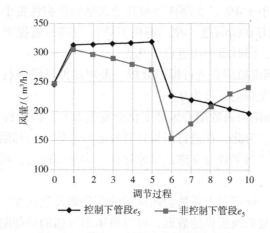

图 4-28　管段 e_5 风量变化趋势对比图

从模拟结果的各个支路风量变化情况可以看出：控制下各个支路 $e_5 \sim e_9$ 在非自身调节过程中表现稳定，非控制下各个支路稳定性较差。如管段 e_5 在除了自身的调节过程外，基于干管静压设定控制方法管段 e_5 在步骤 2～5、7～10 均表现较为稳定，最大风量偏差只有 30m³/h，而非控制作用下则有 90m³/h。

（4）模拟结果定量分析　将每次调节过程前各个支路的流量视为设计工况流量，通过对实验数据分析计算，可知各个支路在调节过程的偏离系 $\overline{X}$，由此可计算出偏离程度 $|1 - \overline{X}|$，详见表 4-4。

表 4-4　各支路偏离程度 $|1 - \overline{X}|$　　　　　　　　　　　　　　（单位：%）

工况	对比条件	e_6（支路 1）	e_7（支路 2）	e_8（支路 3）	e_9（支路 4）	e_5（支路 5）
调大过程（步骤 1～5）	非控制下	4.3	3.5	3.5	3.2	2.9
	控制下	0.7	0.5	0.6	0.4	0.4
调小过程（步骤 6～10）	非控制下	3.9	4.9	6.8	9.0	12.3
	控制下	0.8	1.4	2.4	2.9	3.5

从表 4-4 可以看出：相对于非控制下，无论是调大过程还是调小过程，控制下的支路风量偏离程度 $|1 - \overline{X}|$ 更小，调节过程中各个支路风量平均波动幅度小于 4%，支路更稳定。

计算各个支路调节过程中对其他支路的影响程度 $|1 - Y|$，求得值列于表 4-5。

表 4-5 各支路对其他支路影响程度 $|1 - Y|$ (单位：%)

工况	对比条件	e_6（支路 1）	e_7（支路 2）	e_8（支路 3）	e_9（支路 4）	e_5（支路 5）
调大过程 （步骤 1~5）	非控制下	3.1	3.5	3.7	3.6	3.5
	控制下	0.5	0.5	0.5	0.7	0.4
调小过程 （步骤 6~10）	非控制下	5.6	8.2	8.9	7.8	6.4
	控制下	4.0	3.3	2.1	1.2	0.6

从表 4-5 可以看出：相对于非控制下，控制下 $|1 - Y|$ 值更小，支路的调节对其他支路风量影响的平均波动幅度小于 4%，支路调节对其他支路的影响性更小。

（5）模拟过程中所存在的问题 在理解模拟软件原理的前提下，使用该软件对动力分布式通风系统进行模拟，同时需要注意以下几点：

1）将开式枝状管网虚拟闭合进行模拟分析。采用虚拟环路进行，将送风口与取风口之间建立虚拟支路，虚拟支路阻抗设为 0。

2）通风系统的局部阻力系数随着风量变化会发生改变。该软件并没有自动根据风量计算局部阻力系数的功能。为此，在进行模拟计算时要查看输入局部阻力系数是否与模拟风量下匹配，并做适当调整。当干管与支路的风速比在一定范围内时，可以发现局部阻力系数在一定范围内变化不大。

当风管尺寸确定后，局部阻力系数会随风量的变化而发生改变。根据通风空调风管系统常用配件的局部阻力系数表所提供的数据，可以将矩形三通的局部阻力系数分段拟合成高精度公式。表 4-6 是矩形分流三通的局部阻力系数的拟合公式。

表 4-6 旁通管局部阻力系数的拟合公式

1. 当 $V_b / V_c = 0.11 \sim 0.2$ 时，$\xi_b = 0.7494 \times (V_b / V_c)^{-2.1224}$

2. 当 $V_b / V_c = 0.2 \sim 0.667$ 时，$\xi_b = -1500.8 \times (V_b / V_c)^5 + 4180.2 \times (V_b / V_c)^4 - 4711.6 \times (V_b / V_c)^3 + 2716 \times (V_b / V_c)^2 - 817.18 \times (V_b / V_c) + 107.29$

3. 当 $V_b / V_c = 0.667 \sim 1.0$ 时，$\xi_b = -68.925 \times (V_b / V_c)^5 + 298.65 \times (V_b / V_c)^4 - 525.84 \times (V_b / V_c)^3 + 474.42 \times (V_b / V_c)^2 - 222.78 \times (V_b / V_c) + 45.208$

4. 当 $V_b / V_c = 1.0 \sim 2.0$ 时，$\xi_b = -0.8184 \times (V_b / V_c)^5 + 6.6951 \times (V_b / V_c)^4 - 21.957 \times (V_b / V_c)^3 + 36.411 \times (V_b / V_c)^2 - 30.982 \times (V_b / V_c) + 11.381$

5. 当 $V_b / V_c = 2.0 \sim 3.0$ 时，$\xi_b = 0.32$

6. 当 $V_b / V_c = 3.0 \sim 9.0$ 时，$\xi_b = 0.2563 \times (V_b / V_c)^{0.2027}$

注：V_b 为支路风速，V_c 为干管风速，ξ_b 为三通旁通管阻力系数。

可以得出当 $V_b / V_c = 1.0 \sim 2.0$ 时，三通旁通管阻力系数变化趋势，如图 4-29 所示。

可见，随着支路风速与干管风速比值的变化，支路局部阻力系数会发生变化，且变化较大，在考虑通风系统变速时的管网阻抗影响不能忽略不计。并且，还可以看到，局部阻力系数的变化在不同风量比值下，其值的变化趋势也不一样，总体呈现的趋势是，V_b/V_c 越小，ξ_b 变化越快，越不稳定，V_b/V_c 越大，ξ_b 变化越慢，越稳定，如在 $V_b/V_c = 2.0 \sim 3.0$ 范围内，ξ_b 均在 0.32。

3）如何通过设置主风机性能参数来模拟干管静压设定控制系统的效果？干管静压设定控制法是指在干管管路上选择一点，在系统的运行过程中，通过调节风机转速，改变风机的送风量，但始终要保持这一点的静压值不变的一种控制方式。当送风量变大或变小时，需要调节主风机转速来满足需求。图 4-30 中曲线 1 为定静压控制曲线图，曲线 2 为考虑了主风机出口处阻力损失以及动压后实际主风机的工作点曲线图。

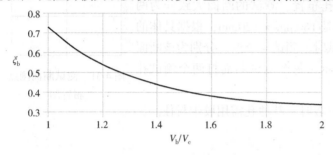

图 4-29　旁通管局部阻力系数变化趋势图　　　　图 4-30　定静压控制曲线图

使用环状管网水力计算与水力工况分析软件进行模拟，人为改变主风机的性能曲线，输入设想的定静压曲线 2 来进行模拟，本次模拟设定的静压为 47.6Pa，曲线 2 即主风机实际的工作性能曲线为：$P = 5.389 \times 10^{-5} Q^2 + 47.6$。

4）模拟过程中部分工况支路风机所提供压头为负值。实际模拟过程中，一方面为了反映系统运行时较为极端的情况，故调节支路风机的幅度比较大，以验证干管静压设定控制法的效果；另一方面由于模拟对象系统较小，并且相关阻抗参数由于风量变化而发生一定变化。造成实际主风机运行状态过大，支路风机运行时提供的压头为负值，也就是支路风机起阻碍作用，这在实际的风机分布式串联中要合理设置干管静压，避免这种情况。

4. 模拟结论

1）在理解环状管网水力计算与水力工况分析软件 1.0 的基础上，合理设置相关输入参数，能够实现基于干管静压设定控制法水力特性的模拟。

2）基于干管静压设定控制法，系统风量能够吻合系统风量需求变化。

3）基于干管静压设定控制法，支路风机调节能力稳定。

4）基于干管静压设定控制法，各支路风量更稳定，$|1 - \overline{X}|$ 与 $|1 - Y|$ 的值均小于 4%。

5）由于要反映较为极端情况，同时模拟的通风系统较小，在进行模拟分析过程中存在各个支路风机起阻碍作用的现象，这在实际模拟过程中要予以避免。

4.3.4　实验验证

1. 实验仪器

主要实验仪器见表 4-7。

表 4-7　主要实验仪器

设备编号	仪器名称	范围	误差	用途
优利德 UT58A	标准数字万用表	$0 \sim 20V$	$\pm(0.8\% + 3V)$	测电压
优利德 UT372	转速计	$0 \sim 99999r/min$	$\pm(0.04\% + 2r/min)$	测转速
法国凯茂 MP200	多功能差压风速仪	$0 \sim 500Pa$	$\pm(0.2\% + 0.8Pa)$	测风速、风量、压差

注：以上仪器均在计量检定有效期内。

其他测试工具：螺钉旋具、皮尺、电钻、胶带、老虎钳、电线、直尺等。

2. 测点布置

主风机后 1.5m 处布置测点，支路风机前后 1m 处布置测点，其他测点可根据实际测试需要进行打孔布置。测试的断面大致分为两类，一类是 320mm × 200mm，一类是 160mm × 120mm，根据具体的测试要求，在这两类的断面进行测试时，测试 4 个点，分别为该断面的 4 个均等矩形中心，如图 4-31 所示，每个测试断面打两个测试孔即可。

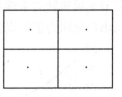

图 4-31　测试断面测点
布置图

测试时应注意：当测某一点的参数时，其他孔需用胶带封住。

3. 实验步骤

（1）支路风机的调节能力实验

1）以第一个支路风机为实验对象，调整各个支路正常开启，检查各通电线路与控制线路。

2）控制干管处静压值为 10Pa，测试支路 1 在支路风机在 430r/min 运行状态下的风量。

3）保持干管静压值为 10Pa，分别调节支路风机在 570r/min、690r/min、830r/min、1120r/min 运行状态下，支路的风量值。

4）调节干管处静压状态分别为 30Pa、50Pa、70Pa、90Pa 状态下，分别测试支路风机在 430r/min、570r/min、690r/min、830r/min、1120r/min 运行状态下的风量值。

说明：空气品质传感器控制面板档位共 0 ~ 10 档，2、4、6、8、10 档下支路风机转速分别为 430r/min、570r/min、690r/min、830r/min、1120r/min。

（2）设定干管静压控制系统的效果实验

1）将各个支路风机调节到 570r/min，采用干管静压设定控制系统稳定干管静压为 20Pa。测试并记录下各主风机与支路风机的运行状态，以及各管段风量与静压。

2）分别依次调节支路5、4、3、2、1 转速到 830r/min，测试并记录下各主风机与支路风机的运行状态，以及各管段风量与静压。

3）分别依次调节支路5、4、3、2、1 转速到 320r/min，测试并记录下各主风机与支路风机的运行状态，以及各管段风量与静压。

4）调回系统初始状态，对比测试，不对系统进行控制下通风系统运行状况。重复2）、3）步骤完成测试。

说明：空气品质传感器控制面板档位共 0 ~ 10 档，1、4、8 档下支路风机转速分别为 320r/min、570r/min、830r/min。支路 1、2、3、4、5 为主风机近端到远端的记录方式，分别对应模拟管段的 e_6、e_7、e_8、e_9、e_5。

4. 支路风机的调节能力实验结果与分析

分别测试各支路静压稳定在 10Pa、30Pa、50Pa、70Pa、90Pa 时第一个支路风机运行在不同转速下的支路风量。具体数据见表 4-8。

表 4-8 　支路风机在不同静压状态下调节能力测试表

干管静压/Pa	支路风机转速/(r/min)	测点风量/(m³/h)				支路风量/(m³/h)
		测点 1	测点 2	测点 3	测点 4	
10	0	44	18	69	58	47
	430	107	108	184	182	145
	570	153	152	273	273	213
	690	204	166	332	318	255
	830	254	209	420	404	322
	1120	313	230	506	522	393
30	0	138	108	155	127	132
	430	188	145	254	231	205
	570	215	175	326	300	254
	690	270	208	395	400	318
	830	280	219	453	422	344
	1120	352	260	526	472	403
50	0	170	144	188	149	163
	430	191	165	281	245	221
	570	206	202	328	319	264
	690	272	201	434	421	332
	830	312	249	481	474	379
	1120	345	241	557	535	420
70	0	203	181	213	182	195
	430	232	188	312	273	251
	570	234	212	347	332	281
	690	261	254	401	361	319
	830	298	276	465	420	365
	1120	326	270	537	456	397
90	0	213	211	252	223	225
	430	243	215	331	279	267
	570	274	263	391	342	318
	690	304	296	432	384	354
	830	312	324	483	423	386
	1120	365	331	534	510	435

绘制风机入口静压保持在 10Pa、50Pa、90Pa 下支路风机调节过程中的趋势图，如图 4-32 所示。

从以上数据可以得出支路风机调节性能的三个结论：

1）所处静压越大，基准风量越大，并且支路风机在低速运行时，支路静压的差异对支路风量的影响性越大，在高速运行时，支路静压对支路风量的影响性小。

2）所处静压越大，支路风机调节支路风量的幅度变小，可调性变差。如在 10Pa，最大的调节幅度为 346m³/h，而在 90Pa 时，最大调节幅度只有 210m³/h，调节幅度减小 39%。

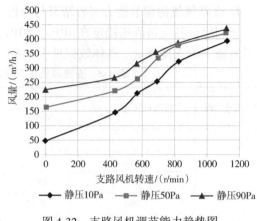

图 4-32　支路风机调节能力趋势图

3）支路风机档位越密，可调节的最小风量也越小，调节精度越高，支路风机的调节性能越好，如在静压 10Pa，支路风机每个档位可调节的最小风量小于 50m³/h。

5. 系统稳定性实验结果与分析

（1）实验结果　实验分别在采用了干管静压设定控制系统与没有采用控制运行状态下，逐步进行了 10 个调节步骤，见表 4-1。以上对比实验中，各个支路均进行了两次调节，包括调大与调小，由此可以评判支路风机的调节能力。并且通过对比在控制系统与非控制系统作用下支路风量的变化情况，从而评判各个支路风量的稳定性。

实验数据表详见表 4-9、表 4-10。包括干管静压设定控制系统作用下各支路调节状况表，未采用控制系统各支路调节状况表。

表 4-9　干管静压设定控制系统作用下各支路调节状况表

	步骤	支路 1 风量/（m³/h）	支路 2 风量/（m³/h）	支路 3 风量/（m³/h）	支路 4 风量/（m³/h）	支路 5 风量/（m³/h）	干管动压/Pa	干管全压/Pa	干管静压/Pa	主风机控制电压/V	干管风速/（m/s）	干管风量/（m³/h）	漏风率/（%）
	初始状况	251	266	238	251	251	20.4	50.2	29.8	5.4	5.8	1345	6.6
控制状态下	1	252	269	243	262	340	23.4	52.3	28.9	5.9	6.2	1438	5.1
	2	245	270	246	370	347	26.4	63.7	37.3	6.4	6.6	1528	3.3
	3	250	270	325	391	360	33.4	70.4	36.9	6.7	7.5	1720	7.2
	4	253	368	333	386	367	38.9	87.5	48.6	7.3	8.1	1855	7.9
	5	358	392	343	407	356	43	81.6	38.6	7.8	8.5	1951	4.9
	6	360	386	343	393	200	35	73.5	38.6	7.9	7.6	1759	4.4
	7	340	366	323	186	181	25.9	62.3	36.4	6.1	6.6	1513	7.8
	8	332	365	169	172	166	19.1	48	28.9	5.2	5.6	1300	7.4
	9	327	154	151	147	153	12.4	40.3	27.9	4.4	4.5	1048	11.1
	10	138	145	141	136	142	6.8	26.5	19.7	3.5	3.4	777	9.9

表 4-10　未采用控制系统各支路调节状况表

	步骤	支路1风量/(m³/h)	支路2风量/(m³/h)	支路3风量/(m³/h)	支路4风量/(m³/h)	支路5风量/(m³/h)	干管动压/Pa	干管全压/Pa	干管静压/Pa	主风机控制电压/V	干管风速/(m/s)	干管风量/(m³/h)	漏风率/(%)
非控制状态下	初始状况	250	251	237	255	247	21.2	47.6	26.4	5.4	5.9	1368	9.4
	1	209	251	230	251	333	22	43.4	21.4	5.4	6.1	1395	8.8
	2	191	220	221	362	320	22.9	30.3	7.4	5.4	6.2	1424	7.7
	3	212	225	274	368	325	22.8	25.7	2.9	5.4	6.2	1421	1.2
	4	187	326	297	341	319	25.8	18.6	-7.1	5.4	6.6	1510	2.6
	5	258	308	263	339	288	25.8	5.2	-20.6	5.4	6.6	1510	3.7
	6	284	320	295	353	84	23.2	22.9	-0.3	5.4	6.2	1433	6.8
	7	294	353	283	148	145	22.8	40.9	18.1	5.4	6.2	1421	14.0
	8	308	359	174	169	173	19.9	51.8	31.9	5.4	5.8	1328	11.0
	9	342	194	183	198	194	19.5	67.4	48	5.4	5.7	1312	15.5
	10	198	219	210	221	211	17.7	83.6	65.5	5.4	5.7	1250	15.3

（2）系统状况对比分析　以横坐标为 0～10 表示 10 个调节步骤，纵坐标表示系统干管静压，如图 4-33 所示。

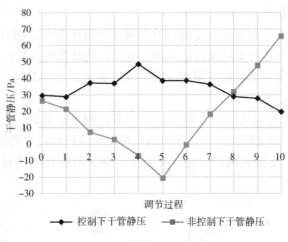

图 4-33　干管静压变化对比图

从图 4-33 可以看出：

1）非控制条件下干管静压变化剧烈。非控制条件下在步骤 1～5 干管静压逐步减小，这是因为支路风机依次增大运行档次，系统风量增加，主风机工作点向右偏移；在步骤 6～10 干管静压逐步增大，这是因为支路风机依次减小运行转速，系统风量减小，主风机工作状态点向左偏移。

2）控制条件下干管静压变化偏差较小。控制条件下，干管静压比较稳定，但依然存在一定波动，需要进一步完善控制系统。并且在布置静压测点时，要选择无振动管段且气流稳定断面。

以横坐标为 0～10 表示 10 个调节步骤,主纵坐标轴为系统送风量,次纵坐标轴为主风机控制电压信号状态,如图 4-34 所示。

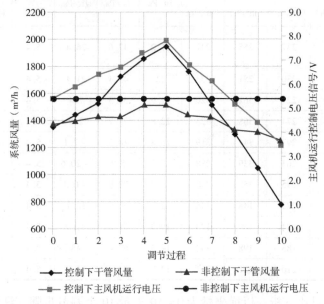

图 4-34   系统风量与主风机运行状态变化对比图

从图 4-34 可以看出:

1)主风机运行状态在控制状态下随调节步骤逐步发生变化,吻合调节过程中对系统风量需求。如步骤 1～5 为各个支路风量逐步调大过程,此时系统风量也表现逐步增大过程。

2)主风机运行状态在非控制下恒定运行,系统总风量也相对恒定,基本不适应十个调节步骤对通风量的要求。

(3)各支路运行状况对比分析   对比实验调节过程可以看出,在相同调节过程中,干管静压设定控制法有稳定支路风机调节能力的作用,这点同模拟中的结论一致。现对比绘制采用控制系统与否各个支路的风量变化情况,各支路风量变化趋势对比如图 4-35 ～ 图 4-39 所示。

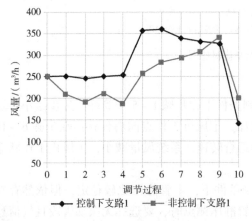

图 4-35   支路 1 风量变化趋势对比图

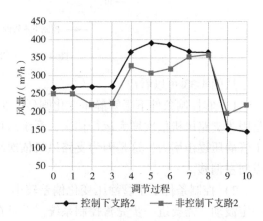

图 4-36   支路 2 风量变化趋势对比图

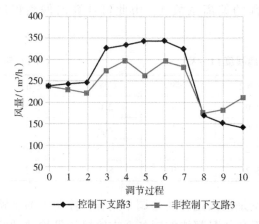

图 4-37　支路 3 风量变化趋势对比图

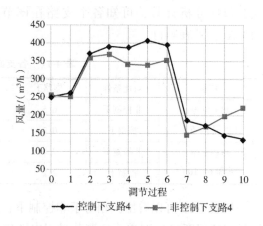

图 4-38　支路 4 风量变化趋势对比图

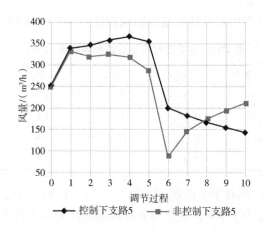

图 4-39　支路 5 风量变化趋势对比图

从图 4-35 ~ 图 4-39 可以看出：

1）控制下各支路风量更稳定，各支路稳定性略有差异。如图 4-35 所示，控制下支路 1 在其他支路调大风量的过程（步骤 1 ~ 4）中十分稳定，而非控制下支路 1 风量有些许波动。在调节步骤 6 ~ 10 过程中，在其他支路显著调小（830r/min 调为 320r/min）的过程中，控制下的风量波动很小，而非控制下的支路风量波动比较明显。其他支路也大体如此。

2）非控制下支路静压变化对支路风机调控能力造成不利影响，而干管静压控制下能够稳定支路风机调节性能。如对比支路 1 调大的步骤 5 与调小的步骤 10，发现同样是调大或调小的过程，但调节的幅度却不相同。控制下，支路 1 支路风机的调节幅度要大些。对比此时干管的静压状况，非控制下步骤 5 的干管静压 –21Pa，而步骤 10 干管静压为 66Pa，为此造成调大时调不大，调小时调不小。控制下干管的静压分别为 49Pa 与 20Pa，调大调小时更符合要求。

3）支路 4、5 可以看出其在其他支路调小的过程中，其风量会发生一定量的减小，这是由于控制作用下的干管静压此时偏小，静压值有待稳定。此外，管道风量所造成的干管阻力损失变化也是其中原因之一。

（4）稳定性定量分析　将每次调节过程前各个支路的流量视为设计工况流量，通过对

实验数据分析计算，可知各个支路在调节过程的偏离系数 $\overline{X}$，由此可计算出偏离程度 $|1-\overline{X}|$，见表4-11。

表4-11　各支路偏离程度 $|1-\overline{X}|$　　　　　　　（单位:%）

工况	对比条件	支路1	支路2	支路3	支路4	支路5
调大过程 (步骤1~5)	非控制下	6.5	4.0	2.4	2.0	3.5
	控制下	0.3	2.0	2.1	3.5	1.2
调小过程 (步骤6~10)	非控制下	7.4	7.2	7.0	11.8	28.2
	控制下	2.2	3.2	5.9	8.3	8.3

从表4-11可以看出：相对于非控制下，无论是调大过程还是调小过程，控制下的支路风量偏离程度 $|1-\overline{X}|$ 更小，调节过程中即使最不利状况都能控制各个支路风量平均波动幅度在9%以下，支路更稳定。

计算各个支路调节过程中对其他支路的影响程度 $|1-Y|$，求得的值列于表4-12。

表4-12　各支路对其他支路影响程度 $|1-Y|$　　　　　（单位:%）

工况	对比条件	支路1	支路2	支路3	支路4	支路5
调大过程 (步骤1~5)	非控制下	6.9	3.1	4.0	7.0	5.4
	控制下	2.9	1.1	2.8	0.3	1.9
调小过程 (步骤6~10)	非控制下	12.2	11.4	9.9	20.5	7.6
	控制下	7.0	8.6	4.7	6.5	1.1

从表4-12可以看出：相对于非控制下，控制下 $|1-Y|$ 值更小，支路的调节对其他支路风量影响的平均波动幅度小于9%，支路调节对其他支路的影响性更小。

6. 实验结论

1）支路风机的调节能力不仅与自身调节能力有关，还与所处管道静压有关。所处静压越大，基准风量越大；所处静压越大，同一风机风量可调节范围越窄，支路风机可调性变差。

2）采用干管静压设定控制系统能够吻合实际增大减小通风需求，达到系统自动调控的目的。

3）采用干管静压设定控制法使得 $|1-\overline{X}|$ 与 $|1-Y|$ 的值均小于9%，各个支路的稳定性增强，并且能够稳定各个支路风机的调节能力。

4）需进一步完善控制系统，选择稳定测试断面，保证测定数据的稳定性与可靠性。要选择稳定的静压测试点，在设定静压点时要避免设置在管道振动剧烈处。静压设定值的选择初步以干管阻力损失为设定压力值，考虑实际动态需求变化的幅度与频率，调整干管静压设定值，以满足系统整体调节需要。

4.3.5　模拟与实验结果对比分析

1. 模拟与实验结果相同点

（1）系统风量变化趋势一致　通过模拟以及实验以及上文所述，系统风量变化情况均一致。对比系统风量结果趋势图如图4-40、图4-41所示。

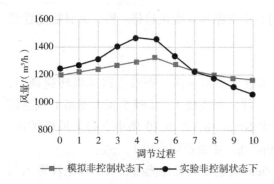

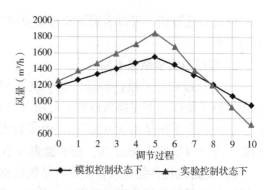

图 4-40　非控制状态下系统风量变化对比趋势图

图 4-41　控制状态下系统风量变化对比趋势图

（2）支路风量以及支路稳定性趋势一致　对比模拟与实验结果，查看各个支路风量变化趋势，可以得知在控制作用下，支路风机调节性能更稳定。更重要的是，支路风量的稳定性更好。取支路远端支路 5 与近端支路 1 进行对比。其中支路 5 趋势图如图 4-42、图 4-43 所示。

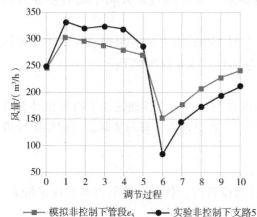

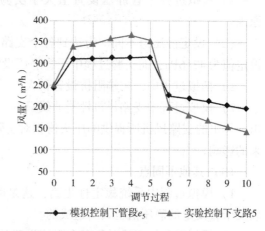

图 4-42　非控制状态下支路 5 风量变化对比趋势图

图 4-43　控制状态下支路 5 风量变化对比趋势图

可见支路 5 风量无论是模拟还是实验，趋势均一致。支路 1 风量变化对比趋势图如图 4-44、图 4-45 所示。

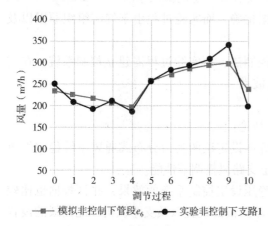

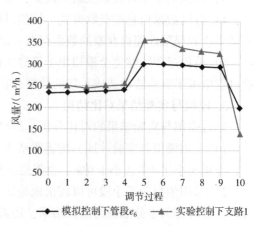

图 4-44　非控制状态下支路 1 风量变化对比趋势图

图 4-45　控制状态下支路 1 风量变化对比趋势图

通过对比分析，可以看出实验与模拟结果的各个支路风量变化趋势一致，并且稳定性情况也一致。

2. 模拟与实验结果不同点

（1）风量趋势一致，但具体各个支路调节风量大小不一样　查看支路风机转速调节，发现控制系统作用下支路风机调小与调大能力不一样，如支路 1，步骤 5 调大支路 1 风速转速，模拟状况下风量增大 62m³/h，而实验则增大 105m³/h，步骤 10 调小支路 1 风机转速，模拟状况下风量减小 95m³/h，而实验则减小 189m³/h。主要原因有以下三点：

1）支路风机性能曲线在设置时是依据 800r/min 转速下风机性能曲线从而理论计算出其他转速下的风机性能曲线，根据实验经验，发现理论计算得出的风机性能曲线与实际运行曲线不完全相符。

2）由于模拟时需对各个支路进行阻抗设置，而风口的安装以及风口的形式使得难以查找相应阻抗系数，致使对风口局部阻力系数估计不足，造成了风口阻抗设置偏大。

3）模拟过程干管静压设置值大于实验值也是造成系统风量调大调小能力差异性的原因。

（2）设定静压值不同　为达到各个支路设计工况 250m³/h 左右，模拟过程中干管静压设定值为 47.6Pa，而实验过程中干管静压设定值为 20Pa。主要原因如下：

1）模拟过程中，末端阻抗设置稍大。

2）模拟过程中支路风机性能曲线只有一条曲线是测试得出，其他转速下由理论计算得出，得出的支路风机所提供的压头值相对实际值偏小，这是理论计算与实际运行的差距所带来的影响。

（3）其他不同点

1）模拟过程中系统稳定性更高，这是因为管网设置时，各个支路阻力系数设定偏大，以及干管设定的静压值也大所造成的。

2）模拟对象与实验对象存在阻抗设置的不一致性。主要是针对特殊风口、软接，另外，模拟过程需要提前设置管网阻抗，而通风系统阻抗与风量有关系，特别是三通管件，这就造成阻抗设置的不一致。由于研究对象系统较小，为此模拟过程各个支路风量值难免造成偏差。

3）模拟对象不存在系统漏风现象，而实验系统存在一定的漏风率。

4）管网数据信息的获取方式。模拟过程数据精确，而实验过程由于气流组织原因以及测试手段的局限性使得获取的数据存在一定误差。

5）模拟过程能够完全模拟出干管静压设定控制法，而实验过程需建立控制系统，在实验过程中由于管道波动造成采集的数据存在一定波动。

3. 模拟与实验结果对比结论

通过模拟与实验结果的对比分析，得出以下结论：

1）采用模拟与实验验证，均表明基于干管静压设定法的动力分布式通风系统稳定性更高，分别为小于 4%、小于 9%，也能更好地稳定支路风机调节性能。

2）采用模拟分析手段可以较快地验证干管静压设定控制系统的效果，并且数据也比较可靠。若需得出十分准确的模拟结果，还需在支路阻抗的设置以及支路风机性能曲线的设置上力求准确。

4.3.6 小结

采用环状管网水力计算与水力工况分析软件 1.0 对动力分布式通风系统进行了模拟分析，并搭建了实验台进行实验验证，从模拟与实验的结果来看，得出以下几点结论：

1）支路风机的调节能力不仅与自身调节能力有关，还与所处管道静压有关。所处静压越大，基准风量越大；所处静压越大，同一风机风量可调节范围越窄，支路风机可调性变差。

2）基于干管设定静压控制法，支路风机调节能力更稳定。

3）基于干管设定静压控制法，系统风量能够吻合系统风量需求变化。各个支路风量更稳定，其中模拟过程中 $|1-\overline{X}|$ 与 $|1-Y|$ 的值均小于 4%，而实验过程中 $|1-\overline{X}|$ 与 $|1-Y|$ 的值均小于 9%。

4）采用模拟软件，能够比较准确地对动力分布式通风系统进行模拟，模拟过程中需要对模拟对象的管网阻力特性以及风机性能进行准确把握。

5）完善的控制系统非常重要，需较好地选择气流稳定的干管静压测定断面，以及干管静压的重新设定功能。

4.4 动力分布式通风智能控制系统

4.4.1 楼层智能控制系统

动力分布式智能通风系统的楼层智能控制系统（图 4-46）能够实现对建筑各楼层动力分布式通风系统的独立控制和调节，实时监控各楼层各个房间的新风量和排风量，根据房间需求变化情况手动或自动调节各房间风量，然后根据各房间风量变化情况调节楼层主风机风量，使风量达到平衡。

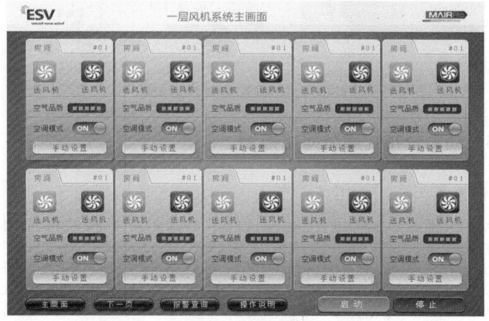

图 4-46　楼层智能控制系统操作界面示意图

4.4.2 集中智能控制系统

动力分布式智能通风系统的集中智能控制管理系统能实现对通风系统中所有主机进行远程集中控制管理、通信、实时检测控制等功能，且可与建筑楼宇控制系统兼容使用，如图 4-47 所示，集中智能控制管理系统主要由中央控制管理台、数据转换模块、信号转换模块及室内空气品质控制系统等组成，并具有故障自动报警功能。单套集中智能控制管理系统可控制 255 组，每组 31 台风机，最多可同时控制 7905 台风机。该系统具有兼容性强、子系统可独立运行、就地或集中控制、故障自动报警及安装操作便捷等特点。

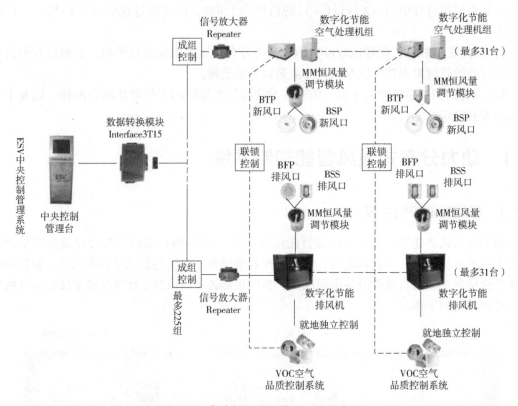

图 4-47 集中智能控制管理系统示意图

4.5 动力分布式通风网络控制

4.5.1 意义

完整的建筑通风工程构成应包括空调新风系统、排风系统或厨卫各种污染空间的排风系统、门窗缝隙等渗风系统和维持室内正压力的补风系统。这四大系统协调运行，构成了广义的动力分布式通风系统，即动力分布式通风网络，在这些通风系统和通风通道的作用下，形成建筑物内的空气流动和通过某些通路的建筑内外通风换气，并在流体力学基本特性下运行。所以动力分布式通风网络是保障室内环境非常重要的通风系统，通风系统的运行必须融入这个网络之中。

科学地组织好建筑物内外的空气流动和通风换气，对改善建筑物内的空气质量，降低空调能耗，避免不同功能区间气味的串通，提高建筑内的舒适性，都有重要作用。而不适当的建筑内外的气流流动则会导致各功能区之间的气味串通，以及某些区域的通风不足，从而影响建筑使用者的舒适性。同时，不良通风还会在炎热和严寒季节将过量室外空气导入建筑，而显著增大空调供热能耗。所以合理地组织调度建筑物内外的空气流动对保证良好的室内环境，降低建筑运行能耗，有非常重要的作用。

4.5.2　动力分布式通风网络控制的必要性

在动力分布式通风网络中，气流流动状况往往不是由某台或某几台通风设备的运行状态所决定的。布置在各个不同位置的通风设备和对门窗的人为操作都会影响通排风状况，局部的操作变化有时会造成整个建筑内外气流流动模式的变化。建筑内这些相关的通风设备都设置在建筑内各个不同位置，并且大多与各个不同的系统相关，对整座建筑空气流动状况的良好控制，就需要通过全面监测各台相关设备的运行状况，监测其主要影响的空气流动通道的开闭状况，并在可能的条件下测试几个关键点的空气压力或空气流向。根据这些实测信息，可以分析判断出建筑物内空气流动的模式，当发现其流动模式存在严重问题时，可以改变几台关键的通排风设备的运行状态，来调整和改变建筑物内的空气流动模式。

实际上，动力分布式通风网络是一种风量调控逻辑。这种逻辑主要体现在：

第一，根据防止室外污染空气、寒冷空气、热湿空气渗入的需求设定居室正压值。

第二，根据新风量需求和设定的居室正压值，确定新风系统风机的运行工况点。

第三，根据控制厨卫等室内空气污染物的需要，运行厨卫排风系统。

第四，当居室正压值小于设定值时，补风系统增大风量；当居室正压值大于设定值时，补风系统减小风量。

第五，补风位置应在排风区内。通风系统不管是送风和排风协调有序运行，才能创造良好的室内环境，不会破坏居室的有序气流流向。

4.5.3　动力分布式通风网络物联网控制模式

公共建筑中空气质量不佳，新风不调节是目前普遍现象，长期满负荷的运行使得风机能耗和新风的冷热处理能耗很高，较为常见的措施是根据室内 CO_2 浓度来调控新风机向室内送入的新风量，而室内 CO_2 的浓度主要通过相关传感器来检测，为了能在室外温度适宜时将较多的新鲜空气引入室内就必须安装很多的温度和湿度传感器，因此调控新风的传感器比较多，常规新风调控方法具有初期投入传感器费用高，CO_2 大多数传感器都存在着检测数据不准以及检测不可靠、失效，监测位置难以确定，监测的数据很难代表整个空间的空气质量水平的问题，导致无法向室内供给合适的新风量。目前国家公共数据集已经公开，如国家气象网公布各个地区的逐时温湿度参数，同时也有一些其他类型的大数据，这些公开的蕴藏丰富信息的数据能否为新风节能调控提供支持是值得研究的问题。

1. 物联网控制系统平台架构

本系统为一套新风调控平台，有两种形式，形式一为 1 个中央数据抽取与运算平台和 N

个分散的新风控制器；形式二为 1 个中央数据抽取与运算平台和 1 个集中的新风控制器，如图 4-48 所示。其中中央数据抽取与运算处理平台负责抽取互联网和物联网的数据，根据抽取的大数据作为中央平台的输入信号，依据专业的控制模型对大量数据进行运算处理，输出针对不同场所的控制信号，各分散的控制器接收到调控信号后调节新风机。该平台可有效地结合互联网技术蕴藏的大数据，对各空间的新风量进行调节，保障室内空气品质，节约能源。

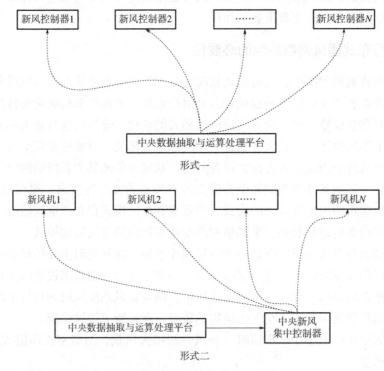

图 4-48　网络控制形式

　　1）采取预测手段实现前馈控制方式来实现调控新风系统，改变传统控制中采用反馈方式中存在成本高、测试不准等问题，同时减少了前期硬件投入成本。

　　2）充分利用获取的大量相关数据，将互联网数据深入挖掘作为调控的控制输入端。

　　3）将室内空气品质的调控与室外气候资源利用结合起来，实现了在保障良好室内空气品质前提下的节能。

2. 物联网控制系统平台原理

　　该调控平台装置立足于能智能调控新风量。该装置不需要安装任何传感器，完全依据人均新风量与人员数量及其分布模式来合理确定新风量需求，如图 4-49 所示。具体原理为：

　　1）首先提取有关人流量的大数据，采用神经网络预测模型预测技术，建立人流量预测模型，计算得到逐时人流量。

　　2）同时利用网络数据调取技术从国家气象网等政府公开的公共数据库中动态调取当地的气候参数（逐时温湿度）。

　　3）通过各个空间的逐时人流量及其分布模式和从公共数据库抽取出来的数据构建出基于室内空气品质和节能的新风调控策略预测模式，即根据人流量及其分布模式进行新风量的逐时变化的动态供应，提高了数据的准确性，保障了新风系统的可靠运行。依据互联网的温湿度气象数据，在室外温湿度适宜时加大新风量，减少空调运行时间，节约空调运行能耗。

①依据预测的人流量，依据 $Q=\alpha q_0 M$ 计算逐时新风量（其中 α 为考虑人员分布模式等信息的新风量修正系数；q_0 为人均新风量指标；M 为人员数量；Q 为计算的新风量）。

②当 $t_w < t_0$ 时（t_0 为运行逻辑判断设定温度），比较由人流量计算出的新风量及由消除余热的新风量 $Q=\dfrac{X}{C\rho\ (t_s - t_w)}$（其中 t_s 为室内通风状态下的舒适温度限值，t_w 为室外空气温度，X 为室内余热量，C 为空气比热，ρ 为空气密度），取两者的最大值 Q_{max} 为运行新风量设定值。

③比较 Q_{max} 与风机的最大风量 $Q_{fan\cdot max}$，若 $Q_{max} < Q_{fan\cdot max}$，则运行 Q_{max}，反之，则运行 $Q_{fan\cdot max}$。

④将建立好的控制模型封装到控制器 DDC 中，将控制器与新风机连接，实时地向室内供给合理足量的新风，提升室内空气品质，尽可能利用室外冷源，节约新鲜空气的冷处理能耗。

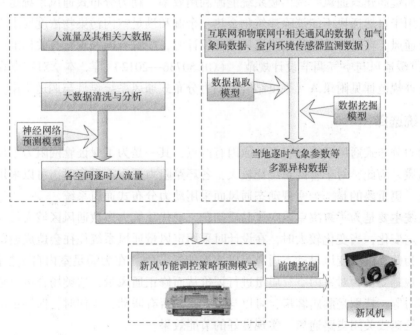

图 4-49　物联网控制原理图

第5章 动力分布式通风系统设计与调适

5.1 动力分布式通风系统设计

5.1.1 目的

采取动力分布式通风技术措施，主要是为了消除通风管网阻力不平衡问题，减小输配系统能耗，满足动态通风需求。通过合理应用新风，改善室内空气质量环境的同时降低通风空调能耗，从而提高建筑通风空调供暖系统能源利用效率。动力分布式通风系统是一种机械通风系统，适用于自然通风不能消除建筑物余热、余湿和满足室内污染物浓度要求而采用机械通风或复合通风。在进行动力分布式通风系统设计时，应符合国家现行有关标准的规定，如《民用建筑供暖通风与空气调节设计规范》（GB 50736—2012）等。本章对重点设计步骤进行阐述，设计规范详见附录A《平疫结合型动力分布式通风系统设计与调适指南》。

5.1.2 系统选择

采用动力分布式通风系统最根本的原因有两点，其一是为了保证管网阻力平衡，其二为实现动态通风。为此，对于管网系统比较大，各环路阻力严重不平衡时，可以采用动力分布式通风系统。更重要的是，为实现动态通风而采用动力分布式通风系统。

通风系统主要是为了解决室内空气品质问题。现代建筑大多数通风区域人员与污染状况均会发生一定变化，当变化较大时，在设计时采用定风量通风系统往往会造成通风量大多数情况过大，为此，进行变风量动态通风可以实现能耗节约。在为满足室内自主控制通风时，根据人体主观感受实时对室内空气质量进行评价从而修正通风量，这类场合可以是各类办公室、酒店客房等，特别是酒店客房，可以与客人入住否有联动，入住时，保持正常通风，退房时，可以低速或关闭支路通风，实现良好的节能效果。

5.1.3 通风量计算

在进行通风计算时，首先要明确通风的目的。一般情况下，通风的首要目的是为了解决室内空气质量问题，即卫生通风。除此以外，在进行通风空调设计时，还需要注意是否有热舒适通风、除湿以及保证各区域压差等要求。现代建筑通风系统功能不应局限于解决室内空气质量问题，因为它更是影响空调能耗的重要因素。若通风系统能够进行变风量运行，则根据室内外热环境状况，在保证室内空气质量的前提下，合理改变通风量。过渡季节通风可以缩短空调设备的运行时间，从而降低空调能耗，达到节能的目的。并且过渡季节具有很大的节能潜力。

考虑到动态通风需求，在进行动力分布式通风系统设计时，应确定系统、末端的典型通风量和最大通风量。确定系统、末端的典型通风量和最大通风量是为了进行管网设计与风机选型需要。①在进行通风管网设计时主要以典型通风量进行管网设计，兼顾其他通风需求工况。②在进行风机选型时，保证风机在典型通风量下高效运行，并以最大通风量作为选择型号依据。

对于卫生通风典型设计风量确定的基本步骤如下：

（1）基本情况了解　进行建筑通风设计时，应进行实地调研并与建设单位相关负责人交流，了解建筑运营管理制度及运营模式等，作为确定建筑各功能区人员数量的依据。

（2）末端典型通风量和最大通风量计算　对于全天室内人员数量变化较大的功能房间，应逐时计算通风房间所需的通风量，确定末端出现的最大通风量与运行时间最长的典型通风量。

（3）系统典型通风量、最大通风量的确定　将通风系统各通风房间所需的通风量逐时累加，得出系统逐时通风量需求，并选取运行时间长且稳定的几个时段通风量作为典型通风量，并找出最大通风量。

根据建筑特点，进行技术经济比较综合考虑通风系统应当满足的通风需求，并取多种通风量需求计算的最大值。对于一般舒适性空调场合的通风设计，首先要满足卫生通风需求，其次根据实际工程需要选择满足或部分满足热舒适通风、消除余湿以及保障室内外压差。而对于工艺性空调，如医院场合，则应当首先满足压差要求。当需要同时满足多种通风需求时，则分别计算各种通风需求所需的通风量，并以其中最大通风量来进行通风设计。

5.1.4　风管设计

1. 管道尺寸

管道尺寸设计时应以典型通风量下的工况为主，兼顾其他工况下管道工作风速与压力。若有多个典型通风量的工况，应以高风量下的典型通风量工况来进行风管设计。这是因为以典型通风量工况下的风管设计能够使得管网性能最佳，并保证典型通风量工况下设计的管网能够适应动态通风的变化，避免风速与噪声过大。

2. 管道流速

管道内空气流速应符合《民用建筑供暖通风与空气调节设计规范》（GB 50736—2012）的规定，在条件允许时，干管管路风速宜取下限值，支路管路风速宜取上限值。这是因为可以减小各环路阻力不平衡率，保证系统的稳定性，即干管管路尺寸宜大些，支路尺寸宜小些，但同时需兼顾干管管路的安装空间与末端噪声控制需要。

3. 水力计算

动力分布式通风系统进行动态通风，其工况可为多种，为此选择典型通风量以及最大通风量的工况进行阻力平衡计算，以便风机选型。动力分布式通风系统优先选用支路风机来消除系统不平衡，以实现输配系统节能。

为此，通风系统各环路的压力损失应进行压力平衡计算。各并联环路压力损失的相对差额不宜超过15%。计算的工况分别为系统典型通风量、最大通风量。当通过调节管径仍无法达到要求时，宜在末端装设支路风机或调节阀门，并优先考虑装设支路风机。

5.1.5　风机选型

为满足动态通风需求，主风机与支路风机均需要选择可调速风机。为保障系统的稳定性，主风机选择性能曲线为平坦型的，支路风机选择陡峭型的。主风机的压力以最大通风量计算下的干管阻力损失作为额定风压，满足最大通风需求。支路风机根据最大通风量工况下主风机的选型进行匹配压力，满足最不利状况的使用需求。

动力分布式通风系统的风机选型设计主要为零压点、主风机和支路风机的选择。

1. 零压点的选择

零压点是指动力分布式通风系统的主管上出现的零静压点。零压点的位置选取对系统的输配能耗、风机的选型、运行控制等都有影响。零压点的位置与管道空气压力分布线的斜率有关，管道空气压力分布线的斜率越大，零压点越靠近主风机，反之则远离主风机。零压点的位置理论上可以在最不利环路与最有利环路之间的任一点，但不同的零压点，通风系统的风机总能耗不同，因此在确定最优的零压点时需要通过系统输配能耗的综合优化分析确定。

2. 主风机选择

确定零压点后，按照设计工况下，主风机需要克服新风进风口至零压点之间的管网阻力，根据水力计算，得到总阻力，风量按照系统新风量的综合最大值计算，依据风量与风压即可进行主风机的选择。

总阻力 Δp 可按下式计算：

$$\Delta p = \sum_{i=1}^{n} \Delta p_{y,i} + \sum_{i=1}^{n} \Delta p_{j,i} \tag{5-1}$$

其中沿程阻力损失为：

$$\Delta P_y = \Delta p_m l = \frac{\lambda}{d_e} \frac{V^2 \rho}{2} \tag{5-2}$$

局部阻力损失为：

$$\Delta P_j = \zeta \frac{V^2 \rho}{2} \tag{5-3}$$

其中，Δp 为新风进风口至零压点的通风管道阻力（Pa）；n 为风管管段的数量；$\Delta p_{y,i}$ 为第 i 条管段的沿程阻力损失（Pa）；$\Delta p_{j,i}$ 为第 i 条管段的局部阻力损失（Pa）；ΔP_y 为沿程阻力损失（Pa）；ΔP_j 为局部阻力损失（Pa）；Δp_m 为单位管长摩擦阻力（Pa/m）；l 为风管长度（m）；λ 为摩擦阻力系数；ρ 为空气密度（kg/m³）；d_e 为风管当量直径（m）；ζ 为风管局部阻力系数。

主风机的性能要求为能够调速；出口余压不应过大，但风量的变化范围宽；在部分负荷条件下的运行高效率区较宽。因此主风机应选择性能曲线较为平坦的风机。

3. 支路风机选择

支路风机的选择直接涉及各个支路风量的调节性能，因此支路风机的合理选择是系统可靠运行的前提。

支路风机的选择取决于支路风量、压力损失及支路的调节能力。支路的风机风量按照支路所负担区域逐时风量的综合最大值进行设计。

对于某一支路，支路风机需提供的静压 p_f 的计算式为：

$$p_f = \Delta p_y + \Delta p_j - \dot{p}_j \tag{5-4}$$

式中　p_f——支路风机需要提供的静压（Pa）；

$\quad\quad \Delta p_y$——支路的沿程阻力（Pa）；

$\quad\quad \Delta p_j$——支路的局部阻力（Pa）；

$\quad\quad p_j$——支管入口处的静压（Pa）。

设计选型步骤为：利用干管零压点，推算各支管入口处的静压。对各支管进行水力计算，进而确定支路风机所需提供的静压，再根据各支路流量进行各支路风机的选型。保证实际运行过程中末端流量可调，采用解析算法或支路起点静压曲线分析法进行分析，使得支路风机在流量变化范围内的工况点在高效率区内，风机的转速调节范围宜为最大转速的 40% ~ 80%。支路风机应选择性能曲线比较陡峭的风机。

4. 自动控制

自动控制包括末端控制与系统控制。末端控制主要是指通风末端的自主控制，包括客观控制法、主观控制法、客观控制与主观相结合控制法。系统控制主要包括系统水力稳定性的控制（系统风量控制）、热舒适通风控制、新风温湿度参数的控制要求。进行系统水力稳定性的控制时，采用干管静压设定控制法，根据通风需求以及管网水力计算，在不同工况下，在风机出口气流稳定的干管处设定不同的静压值，从而实现对系统的控制，使整个系统在稳定可靠中节能运行。当热舒适通风条件允许时，在夏季室外空气温度低于室内空气温度时，即进行热舒适通风，此时新风量均加大，室内空气质量均能够达到要求，控制模式切换到热舒适通风控制模式。同时，在进行热舒适通风时，应关闭新风表冷段的冷水阀。

5.2　动力分布式通风系统调适

动力分布式智能通风系统调适是对工程质量进行系统检验、并使其功能得以正常发挥的过程。系统运行前的调适工作，有助于提前发现问题进行改进，将系统调节到典型设计工况，将控制系统调适好，使之能够正常运行。为了实现动力分布式通风系统的性能与价值，保证实际运行与设计工况近似一致，本书提出一套切实可行的调适方法与流程，以规范动力分布式通风系统的调适工作，调适流程也同样应当满足《通风与空调工程施工质量验收规范》（GB 50243—2016）等国家标准规范的要求。

5.2.1　系统调适前提条件

调适工作的顺利进行是以施工质量满足要求、具有进行测试条件等基本条件为基础的，正式调适前，有一些需要满足的基本条件。

一是，应预留测试所需孔位：系统调适过程中需要测试管道静压，施工时需在风管系统中预留管道静压测试孔，测试孔洞的预留应在设计图样中注明开孔位置和开孔尺寸大小及封堵方式，施工后应对测试孔位进行位置标记。

二是，管道气密性要求：应进行管道系统强度和严密性试验并提供相应报告，应能满足《通风与空调工程施工质量验收规范》（GB 50243—2016）要求。

三是，施工质量应满足要求：应对影响调适工作开展的重点施工部位质量进行检查：①检查工程实施结果是否同设计图样相符。②检查系统施工是否符合施工的要求。③检查设备是否满足设计和产品要求。④检查传感器是否满足设计和产品要求。检查方式可以采取现场查看的方式，当难以进行现场查看时，可通过查看隐蔽工程验收资料、查看施工过程影像资料等进行检查，对于施工质量不符合要求的系统，应通知施工单位进行整改，整改完成后方可进行调适。

对于有房间压力要求的室内，房间气密性也有要求：房间的气密性等级决定了房间机械送排风量差，调适前应对房间可能存在明显漏风的区域（如门缝、传递窗周围等区域）进行封堵和密闭处理。

5.2.2　调适的基本流程及方法

常见的系统调节顺序主要有两种：其一是先调节新风系统，再调节排风系统，其二是先调节排风系统，再调节新风系统。先调节排风系统再调节新风系统较容易保障房间压力需求，但往往不能满足新风需求。相反地，按照先调新风系统，再调节排风系统的顺序来进行通风系统调适，既能保障房间新风量需求，充分稀释室内空气保障安全，又能保障房间压力需求。

基于"先调新风系统，再调节排风系统"这个基本逻辑，在系统满足前提条件的情况下，调适流程主要分为调适准备和正式调适两大步，调适准备又分为进入现场前和进入现场后两阶段。

1. 进入现场前主要工作

1）熟悉设计图样，明确项目设计、设备参数、设备放置位置等信息。

2）掌握产品性能曲线，对于复杂管路系统还应利用 CFD 软件进行建模分析设计管网系统的阻力曲线。

3）准备好调适过程中需要的仪器设备等，仪器仪表应稳定可靠，精度等级和最小分度值应能满足测定的规定，并应符合国家有关计量法规和检定规程的规定。

4）编制调适方案。

2. 进入调适现场后正式调适前的主要工作

1）对所有系统设备进行检查，如通电检查、仪表归零检查、控制面板与对应设备一一对应起来。主风机、末端动力模块应进行单机试运转，检查模块应能正常运行、运转平稳、无异常振动与声响，电动机运行功率符合设备技术文件的规定；模块运行噪声没有超过产品说明书的规定值；模块阀门动作正常；主风机、模块运行风量与设计风量偏差较小。

2）施工检查，对管道施工工艺情况、设备安装情况等进行检查，施工质量应保证：风管连接及保温情况良好、设备与管道连接的软管应牢固可靠。进行系统管路严密性试验，无明显漏风现象。阀门均能正常开启、关闭，信号输出正确。有条件的应让施工单位提供管道密封性试验报告。

3）房间气密性检查，对可能渗透风量较大的门、窗、传递窗等部位进行检查，有条件的应让施工单位提供房间气密性试验报告。

4）房间压力预调适（如对房间有压力需求），当设备检查、施工检查、房间气密性检查均完毕后，应对房间压力进行预调适，以排除设备选型偏差带来的问题。先后开启排风主机，排风模块，并将档位开启至最大，检查房间压力是否满足要求，如不满足要求则应检查系统是否有故障、房间密封性或机组选型等是否存在问题。

3. 正式调适的主要工作

1）新风系统调适：先开启新风主风机，建立管道正压后再开启新风模块，依据产品性能曲线、管网特性曲线预设新风主风机、新风模块档位，并从最末端房间进行新风量的调节，调节档位的高低来满足房间风量要求，依次调节每个房间的模块档位至所有房间均能满足房间新风换气次数要求。

2）排风系统调适：先开启排风主风机，建立管道负压后开启排风模块，再开启新风系统并保持能满足新风换气次数时的档位，依据产品性能曲线、管网特性曲线预设排风主风机及模块档位，依次调节每个房间模块档位至满足房间压力要求（如有），最后测量主管道最不利管道末端压力是否低于环境压力，若大于则调高排风主机档位。

3）综合调适：记录所有模块档位并将其录入控制程序中，作为系统开启时的基础风量，调整房间压差设定值，并检测其自动控制系统是否正常工作。

4）调适结束后，应提供完整的调适资料和调适报告。

调适流程如图 5-1 所示。

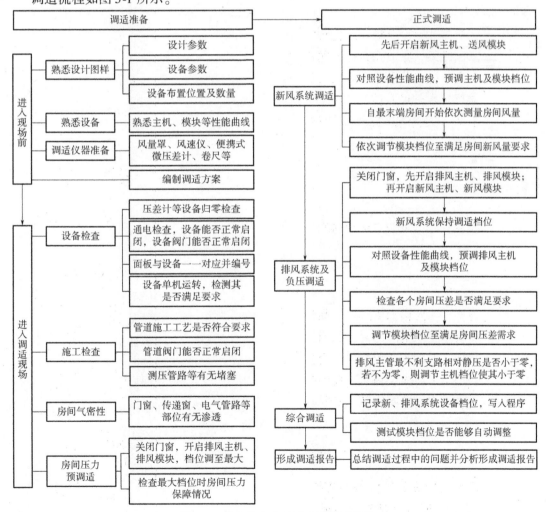

图 5-1　动力分布式通风系统调适流程

对于采用干管定静压控制策略调节主风机的系统调适步骤为：

1）调试控制系统，将控制参数设置在设计工况或范围内，设定主风机运行的上下限。

2）通过调节设定静压值，查看干管静压设定控制法是否有效运行，如不理想，则需调整 PID 控制参数。

3）调节主风机运行状态，使之符合设计的干管静压参数及其他重要参数。

4）分别初步调节远端、中部、近端支路风机运行状态，查看是否能够调节到支路风量需求状态，如若不理想，则需重新调整主风机运行状态。

5）记录调整好的主风机运行状态与此时干管静压值，在稳定干管静压值时逐步调整各个支路风机的运行状态到设计工况，并根据需要限定支路风机运行转速的上下限。

6）记录此时主风机运行状况与各个支路运行状态，此时为系统运行的设定工况。

第6章 动力分布式通风系统的装配式发展

6.1 构建装配式通风的意义

装配式建筑的一个典型特征是建筑构配件生产的批量化，没有任何一种确定的建筑产业结构能够满足所有类型的建筑营造需求，装配式建筑的工厂必须提供一系列能够组成各种不同建筑类型的构配件。目前国家和地方大力推动装配式建筑产业化的发展。建筑通风作为建筑产业化的一部分，需要将通风系统作为建筑的某一个部件，将通风技术、调控等问题集成到建筑中，使得使用和维修更加简便可靠。以此来推动装配式建筑与建筑产业化的发展，两者相辅相成。

6.2 装配式通风系统的研究重点

当前对于装配式通风的研究主要有装配式通风技术研发及产业化、装配式通风与装配式建筑一体化匹配技术的研究与应用。

6.2.1 装配式通风技术研发及产业化

研究内容：面向我国建筑产业化对通风全系统产品工业化生产与装配式安装的需求，研究构建装配式通风系统技术体系，突破建筑通风系统产品化、装配化、模块化、数字化的关键技术；研究装配式通风系统数字化设计方法，建立标准化设计技术体系；研发装配式通风设备、标准化部品部件、形成装配式通风系统各组件的数字化信息模型库；研究装配式通风系统装配与调适的流程及方法，建立安装技术体系标准化；开展装配式通风系统工程示范应用及产业化推广。

6.2.2 装配式通风与装配式建筑一体化匹配技术研究与应用

研究内容：面向我国装配式通风系统与装配式建筑一体化集成应用，提升装配式建筑的装配率及空间利用率的需求，突破一体化集成应用的关键技术；研究装配式通风与装配式建筑一体化匹配方案，开发匹配设计方法，建立二者匹配的标准化设计技术体系；研究装配式通风与装配式建筑一体化标准构件模型，建立标准模型库；研究装配式通风与装配式建筑一体化匹配标准构件装配安装流程与方法，建立标准化安装技术体系；研究装配式通风与装配式建筑一体化匹配构件的技术参数体系和质量评价方法及验收标准；开展工程示范应用。

6.3 装配式动力分布式通风系统的探索

6.3.1 定义与内涵

装配式智能通风系统是基于传统动力分布式通风系统，依据室内安全健康环境需求及建筑产业化发展需求而研发的新一代通风系统。该系统采用动力分布式通风技术，具备满足新风动态需求的自适应调控技术，采用模块化、建筑一体化的建造方式，搭载智能调控系统，具有安全健康、高效节能的特点。

6.3.2 与常规系统的比较

装配式与常规通风系统对比见表 6-1。

表 6-1 装配式与常规通风系统对比

性能对比	装配式智能通风系统	常规通风系统
系统形式	动力分布式变风量系统	传统动力集中式系统
智能性	1. 每个房间依据空气品质智能调控 2. 新排风可智能联动调控 3. 每个末端自适应管网特性 4. 末端空气质量可显示	定风量运行，仅具备开关功能
节能性	1. 按需供应，节约新风处理能耗 2. 无阀门耗能	1. 定风量运行，存在大量阀门耗能 2. 新风处理能耗高
安装的便捷性	模块化产品，现场组装，无耗材，质量可控，施工周期短	大量现场制作，原材料（风管板材）损耗大，管理难度大，效率低，施工周期长，质量难以控制
建筑布局的合理性	竖向输送系统不占用建筑层高，每层不占用机房	占用建筑层高 20～30cm，每层占用 1～2 个新风机房
维护的便捷性	主要设备免维护，可自行清洗，竖向管道不易积尘	风机等设备维护困难（吊顶内），风管内部易滋生细菌，难以清理

6.3.3 系统分类及配置

装配式动力分布式智能通风系统分为水平装配式通风系统和竖向装配式通风系统。系统配置见表 6-2。

表 6-2　装配式通风系统配置

款式	水平装配式通风系统	竖向装配式通风系统
系统图示（新风）	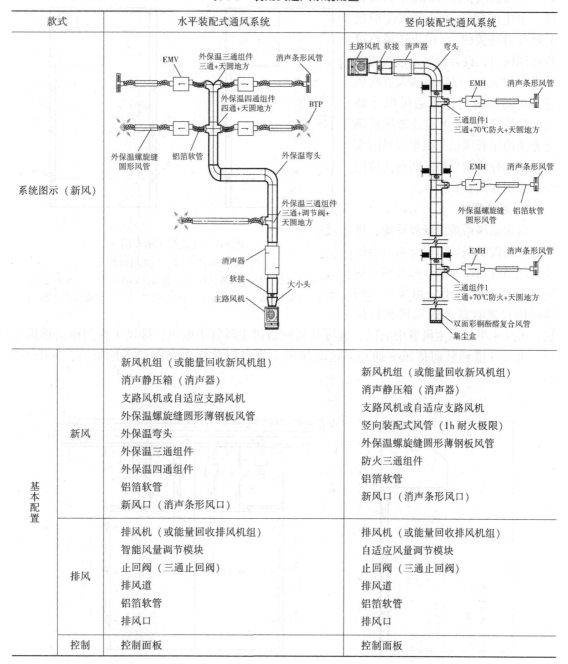	

基本配置	新风	新风机组（或能量回收新风机组） 消声静压箱（消声器） 支路风机或自适应支路风机 外保温螺旋缝圆形薄钢板风管 外保温弯头 外保温三通组件 外保温四通组件 铝箔软管 新风口（消声条形风口）	新风机组（或能量回收新风机组） 消声静压箱（消声器） 支路风机或自适应支路风机 竖向装配式风管（1h 耐火极限） 外保温螺旋缝圆形薄钢板风管 防火三通组件 铝箔软管 新风口（消声条形风口）
	排风	排风机（或能量回收排风机组） 智能风量调节模块 止回阀（三通止回阀） 排风道 铝箔软管 排风口	排风机（或能量回收排风机组） 自适应风量调节模块 止回阀（三通止回阀） 排风道 铝箔软管 排风口
	控制	控制面板	控制面板

6.3.4　标准化通风单元

本书以病房为例，阐述标准化病房通风单元的构建思路。

1. 气流组织

送入病房新风应首先进入人员呼吸区，本系统设置了每个床位独立送风的通风系统形式。气流组织有如下两种：一种为每个病房床头送风，卫生间持续排风形式；另一种为每个病房床头送风，床对面墙下持续排风，卫生间间歇排风形式（根据需要开启或关闭）。床头送风口设置可调风口，设计控制出口气流速度为 $1 \sim 2m/s$，以防使病人有吹风感。每间病房均设置通风机（新风机和排风机），由前述通风量确定方法确定通风量，根据风量的实际需求调控风量大小。两种气流组织示意图如图 6-1 所示。

2. 通风系统

病房通风系统由新风系统、排风系统与控制系统组成。新风系统和排风系统均由风机、风管和专用风口（可调控大小）组成。每间房间均设置有新风送风机和排风

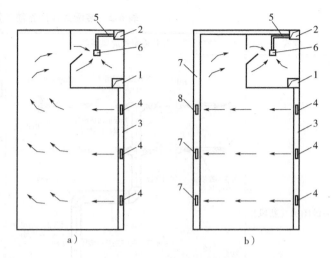

图 6-1　气流组织示意图

a）气流组织形式一　b）气流组织形式二

1—竖向新风管　2—竖向排风管　3—病房横向新风管　4—床位送风口
5—排风管　6—排风口　7—病房排风口　8—病房横向排风管

机，可从水平新风主风管中取风，也可从竖向新风主风管中取风；排风可排到横向排风主管，也可以排到竖向排风主通道。送风排风主管可以是横向竖向的不同组合，如图 6-2 所示。

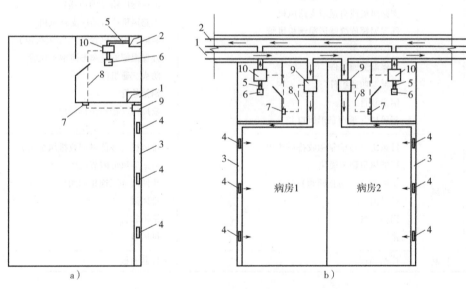

图 6-2　风管布置平面图

a）竖向布置送风与排风风管

1—竖向新风主管　2—竖向排风主管　3—病房横向新风管　4—床位送风口　5—排风管
6—排风口　7—控制面板　8—控制线　9—房间新风机　10—卫生间排风机

b）横向布置送风与排风风管

1—横向新风主管　2—横向排风主管　3—病房横向新风管　4—床位送风口　5—排风管
6—排风口　7—控制面板　8—控制线　9—房间新风机　10—卫生间排风机

6.4　装配式通风新设备研发及应用

6.4.1　三通风机开发及其装配式应用

现有支路风机产品的结构形式使得支路风机性能的发挥受到限制。主要存在以下两个问题：①支路风机的噪声比较大。②支路风机的效率比较低。存在以上两个问题的主要原因是风机进风口与出风口形式的限制。由于在支路，风机的进出口只能是直进直出，这与离心风机本身结构形式（直进侧出）存在一定的差别；另外，通风系统的支路空间有限，致使支路风机在箱体上不能制作得太大。以上原因使得现有支路风机实际运行性能较差，使得噪声高与效率较低。

为此，可将三通与直流无刷支路风机组合起来，设计三通风机的结构形式，尤其是内部结构（蜗壳、风道、导流片）的设计。提高三通风机的效率，降低能耗，减小噪声；实现方便安全可控，能够无极调速。最终使三通风机在动力分布式通风系统中发挥出高性能，同时也最大限度地发挥动力分布式通风系统的优势。在保证三通风机性能的前提下，控制三通风机的结构尺寸，以适应实际空间受限的要求。构建装配式通风的重要部件，支撑装配式建筑通风的发展。三通风机分为合流三通风机和分流三通风机。

合流三通风机如图6-3所示，蜗壳1外套有导风罩5，该导风罩5进风口正对导流进风圈4，导风罩5正对蜗壳1出口处开有出风口5′，导风罩5外连接有干管风道6，该干管风道6为直管且出风方向与导风罩5出风方向相同。

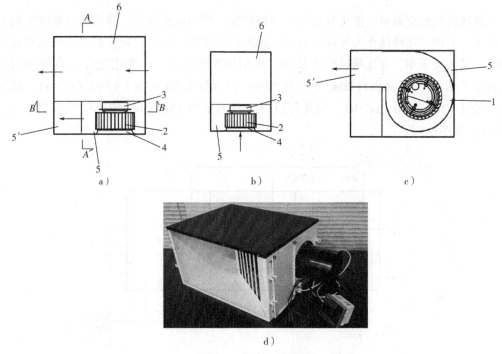

图6-3　合流三通风机

a）结构示意图　b）A—A剖面图　c）B—B剖面图　d）实景图

分流三通风机如图6-4所示。其蜗壳1外套有导风罩5，导风罩5进风口5′正对导流进风圈4，导风罩5正对蜗壳1出口处开有出风口，导风罩5外连接有干管风道6，干管风道6为直管且进风方向与导风罩5进风方向相同。

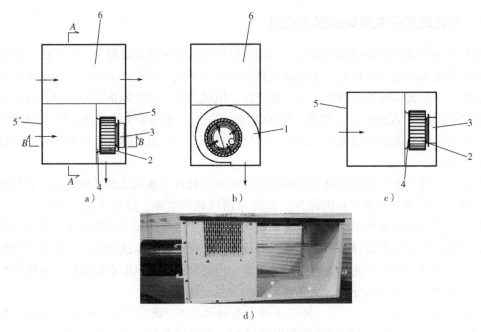

图6-4 分流三通风机

a) 结构示意图　b) A—A剖面图　c) B—B剖面图　d) 实景图

三通风机装配更简单，能更好地发挥风机性能，提高风机效率，降低通风系统的施工难度与成本。采用三通模块作为装配式通风系统的重要组件。以模块化装配式负压病房通风系统为例，其主要采用三通送排风模块技术，采用标准化主管、标准化支管（直接采用市场成熟管道产品）。对于面积为$20m^2$的负压病房：送风量为$20 \times 3 \times 6 = 360$（$m^3/h$）；排风量等于送风量$+150 = 510$（$m^3/h$）。因此可以设计新风量为$350m^3/h$，排风量可适当加大，为$600m^3/h$，如图6-5所示。

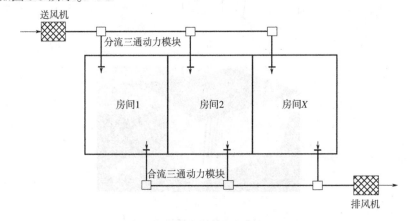

图6-5 基于三通风机的通风示意图

若为负压隔离病房，则送排风风量加倍，只需要在主风机出口主管上并联设置一主管即可（图6-6）。可实行平疫结合系统，平时运行一支管，两个支管可互为切换。

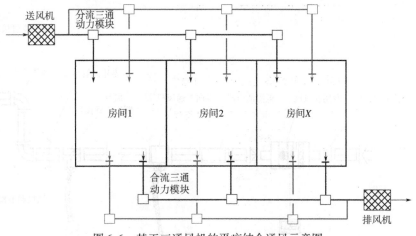

图6-6 基于三通风机的平疫结合通风示意图

基于三通风机的水平和竖向装配式通风系统示意图如图6-7、图6-8所示，融合各种不同通风末端模块的通风系统示意图如图6-9所示。

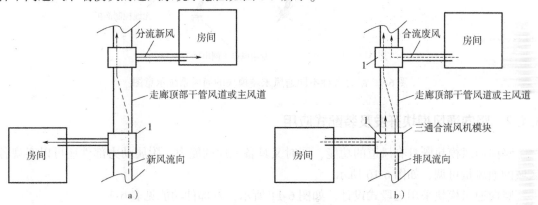

图6-7 基于三通风机的水平装配式通风系统示意图

a）送风系统 b）排风系统

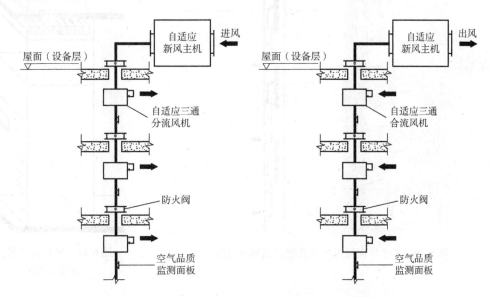

图6-8 基于三通风机的竖向装配式通风系统示意图

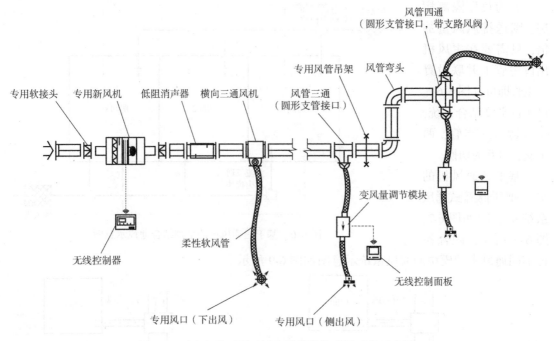

图 6-9 融合各种不同通风末端模块的通风系统示意图

6.4.2 竖向通风模块开发及装配式应用

竖向通风模块既具有风道的功能，同时又具备三通的能力，附属动力部件还可以实现各区域的通风量可调，如图 6-10 所示。

竖向通风模块采用三段式设计，如图 6-11 所示，各部件功能见表 6-3。

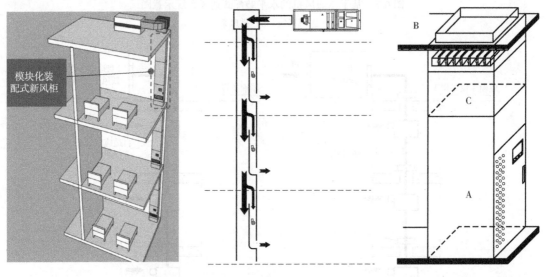

图 6-10 基于竖向通风模块的竖向通风示意图

图 6-11 竖向通风模块
分段示意图

表 6-3   竖向通风模块部件功能

部件	功能描述		
部件 A：分配单元	风口		
	自适应风机		
	控制	端子	
		传感器	
		控制屏	
	检修/清洁门		
	止回措施		
部件 B：防火固定单元	与楼板开洞固定安装		
	防火泥封堵		
	防火阀		
	固定支座承重		
部件 C：伸缩连接单元	连接 A 段和 B 段		
	软管或者套筒伸缩结构		

竖向通风模块的装配式应用示意图如图 6-12 所示，应用效果图如图 6-13 所示。

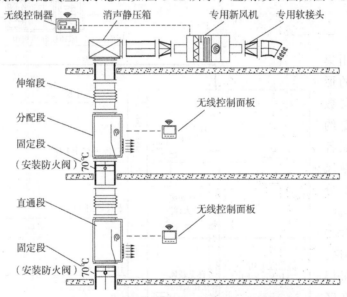

图 6-12   竖向通风模块的装配式应用示意图

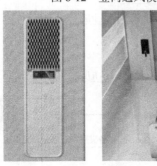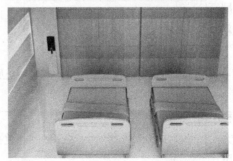

图 6-13   竖向通风模块装配式应用效果图

第7章 工程案例

7.1 山西怡佳天一城住宅动力分布式通风系统设计与效果测试

该工程为新建住宅区项目怡佳天一城，位于山西省太原市晋源区，共有 15 栋住宅建筑，建筑面积约 84.3 万 m²，其中地上建筑面积共 62.2 万 m²，地下建筑面积共 22.1 万 m²，建筑均高 99.65m，为一类高层建筑，该工程分四期进行建设，其中第一、二期于 2014 年开工建设，2017 年正式投入使用；三、四期于 2018 年开工建设，2020 年正式投入使用，并且四期于 2019 年取得国家绿色建筑二星级设计标识。

7.1.1 新风系统的设计

1. 系统分区

该工程一、二期新风系统采用集中处理和分配的形式。各栋建筑层数为 30 层，高度约 99.65m，为保证各层住户室内的新风量，将新风系统分为高低两个大区，高区和低区间每 5 层又分为一个小区，竖向新风系统每层设置防火阀，高区新风机组设置于屋面设备层，低区新风机组设置于地下设备夹层，如图 7-1 所示。

三、四期工程新风系统采用动力分布式系统，新风机组设置于屋面设

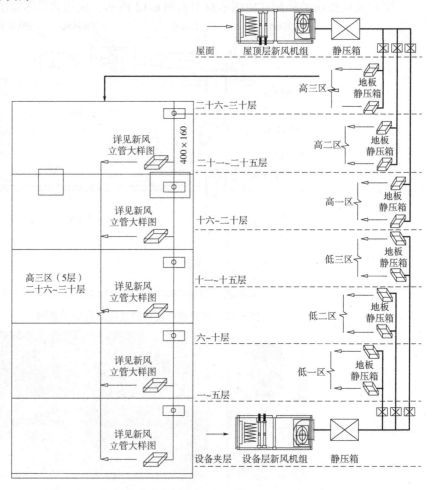

图 7-1 一、二期工程新风系统分区示意图

备层，一～十六层共用一台新风机组，十七～三十二层用一台新风机组，新风经过处理后通过竖向管道送至各层用户，用户侧安装末端风量调节模块，提供末端动力，并实现对各户新风量的个性化调节控制，如图7-2～图7-4所示。

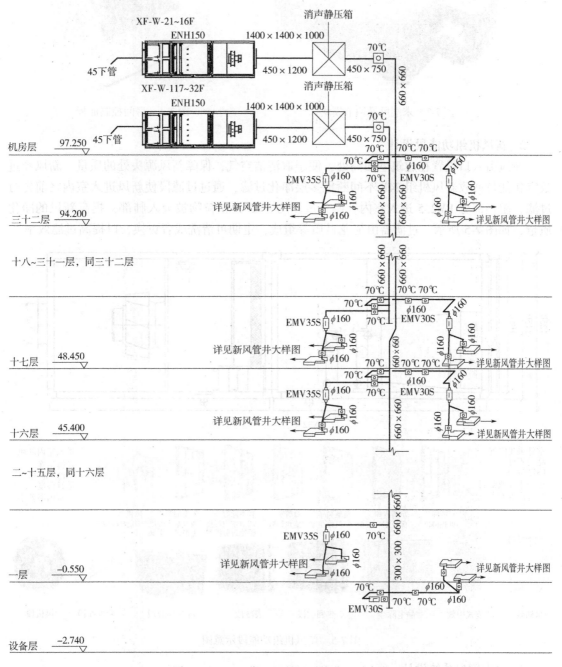

图 7-2　三、四期工程新风系统分区示意图

图 7-3　末端风量调节模块　　　　　　　图 7-4　房间控制面板

2. 新风机组功能段设计

新风引入口设置在建筑屋面高处，便于取清洁空气，保障新风源头处的质量。新风经过数字化能量回收新风机组 24h 不间断地多层净化过滤，通过过滤段使新风进入室内之前先行过滤，阻挡部分 PM2.5 进入室内，避免过多的 PM2.5 颗粒物被吸入肺部，提高新风的净化质量，如图 7-5 所示。过滤器由尼龙材质等组成，定期可清洗或者更换，以提高过滤效率。

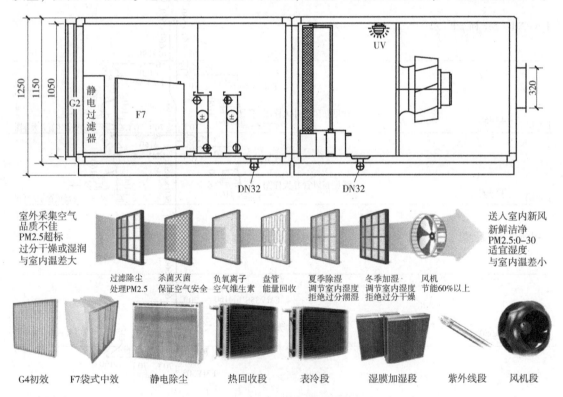

图 7-5　新风机组功能段示意图

3. 户内输配系统设计

室外新风经过数字化新风处理机组处理后，通过竖井风道送至各层，各层各户通过引入新风井道里来自高处的清洁新风，再通过方形超薄风管进入出风底盒后，风速和噪声被进一步削弱，最终通过金属通风孔板以≤0.3m/s的风速送入各房间，实现均匀送风。出风底盒连接方形超薄风管处设有可调节阀门，用于进一步平衡各房间的送风量，使室内全年达到恒氧需求，如图7-6～图7-8所示。

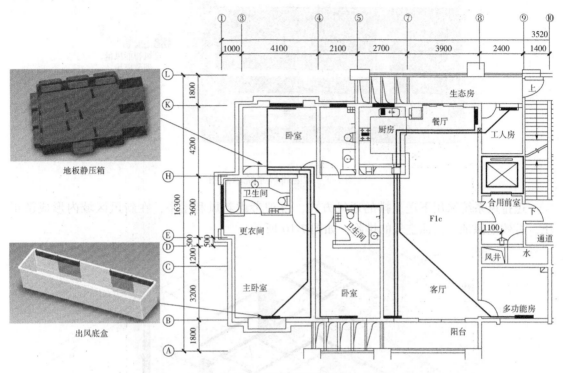

图7-6　户内平面布置图

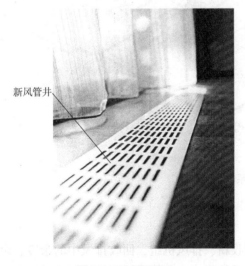

图7-7　地板送风口

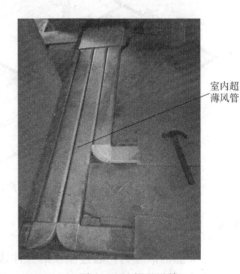

图7-8　地板送风管

7.1.2　排风系统的设计

该工程排风系统均采用动力分布式排风系统，竖向排风系统分为高、低两个区，户内排风系统采用智能排风系统，可根据室内空气品质传感器，探测污染物浓度调节排风机排风量以及新风机送风量，如图7-9所示。

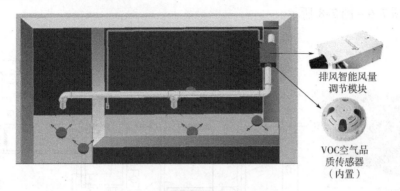

排风智能风量
调节模块

VOC空气品
质传感器
（内置）

图7-9 智能排风系统示意图

送排风系统采用下送上排的通风方式，合理考虑新风利用率，在新风区域内形成微正压，有效地保证了污浊空气的排除，如图7-10所示。

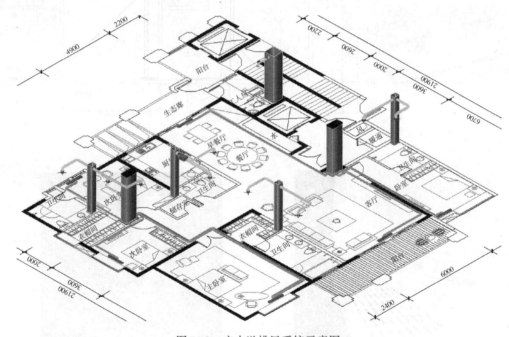

图7-10 户内送排风系统示意图

7.1.3 排风热回收

考虑节能的措施为：通过屋顶的分体式能量回收新、排风机组，回收排风中的余冷、余热并将其输送到新风机组处加以利用。由于回收能量的形式为分体式，新排风在能量回收形式上完全物理分开，故不会对新风（新鲜空气）造成污染，在满足室内恒氧安全性的同时合理节约了能量，真正达到了节能、低碳的要求，如图7-11、图7-12所示。

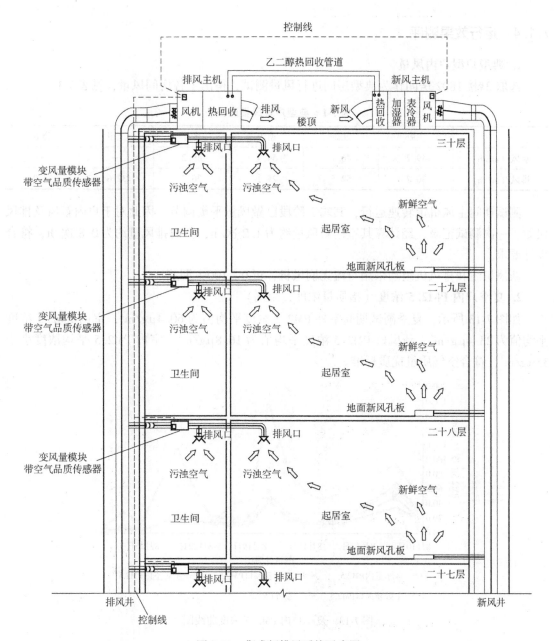

图 7-11 集成新排风系统示意图

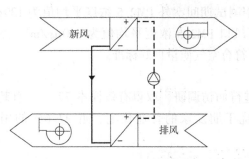

图 7-12 液体循环式热回收系统原理图

7.1.4 运行效果测评

1. 典型户型户内风量

选取 2#楼 1802 房间作为典型房间进行风量测试，得出了各房间风量，见表 7-1。

表 7-1 典型户型风量测试表

	主卧	北卧	南卧	客厅	主卫	公卫
新风/（m³/h）	49.2	46.7	54.4	49.2	—	—
排风/（m³/h）	30.7	52.5	27.1	30.7	32.6	74.2

测试期间主风机定转速运行，其竣工阶段已做风量平衡调节，因此对于户内新风及排风仅做了一次测试记录，经计算其室内新风量约为 1.2 次/h，室内排风量约为 0.8 次/h，符合设计要求。

新风机组和排风机组均采用直流无刷风机，可 0～100%调速。

2. 夏季户内 PM2.5 浓度（指质量浓度，余同）

如图 7-13 所示，夏季测试期间室外 PM2.5 浓度平均值为 60.4μg/m³，室内 PM2.5 浓度平均值为 23.4μg/m³，新风口 PM2.5 浓度平均值为 16.8μg/m³。室内 PM2.5 平均浓度小于 35μg/m³，符合空气质量优质标准。

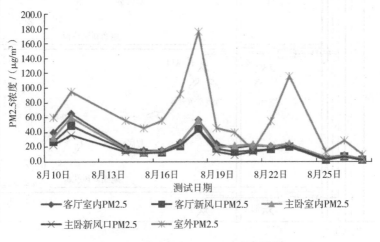

图 7-13 夏季户内 PM2.5 浓度曲线图

3. 冬季户内 PM2.5 浓度

如图 7-14 所示，冬季测试期间室外 PM2.5 浓度平均值为 139μg/m³，室内 PM2.5 浓度平均值为 38.6μg/m³，新风口 PM2.5 浓度平均值为 8.0μg/m³。室内 PM2.5 平均浓度大于 35μg/m³ 小于 75μg/m³，符合空气质量良好标准。

4. 用户舒适度调研

通过对 280 户住户进行回访调研，取得有效样本 77 户，有超过 90%的用户明显感觉自己家里的室内舒适度优于朋友家的普通住宅，近 97.6%的用户对通风系统整体比较满意。

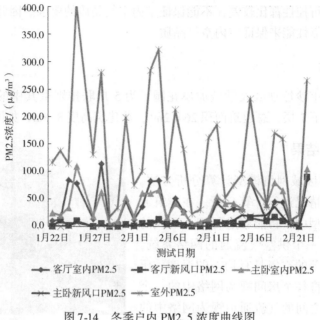

图 7-14　冬季户内 PM2.5 浓度曲线图

7.1.5　设计总结

1. 工程设计思想

该工程秉持通风优先的设计理念，摒弃"冷热优先，通风辅助"的传统观点，采用"先通风满足空气质量，后进行热湿调控"的设计思想。

2. 系统设计五原则

（1）系统协调性原则　与建筑、结构、园林、装饰设计的协调，通风系统不破坏建筑美学，不约束建筑师的美学设计。

（2）健康舒适性原则　保障室内温度、湿度、新风量、新风洁净度等主要参数指标，打造"健康、舒适、宜居"环境。

（3）整体节能性原则　主要体现在时间上冬夏节能，空间上的机房、末端节能及系统种类上节能（新风、温湿度调控）。

（4）运营安全性原则　主要体现在集中新风口的安全布置、辐射供冷的结露安全及应急情况下的运营保障等方面。

（5）管理便捷性原则　设置新风集中及典型房间主要参数（PM2.5、温湿度）监控，方便数据化管理。

7.2　重庆大学虎溪别墅的动力分布式通风网络系统设计

民用住宅普遍是厨房排烟系统（抽油烟机）、卫生间通风系统（通风扇）采用机械通风，卧室和起居室普遍采用自然通风方式，通过门窗的冷风渗透和开窗两种方式实现自然通风。但自然通风受到许多条件的限制，如室外气温过高或过低、室外风雨天气、室外蚊虫较多等情况下不允许开窗，同时随着建筑物围护结构性能的提升，门窗气密性也越来越好，自然通风的可靠性和可控性都比较差，不能保证室内空气品质的要求。因此本建筑增设机械新风系统，以稳定可靠性能来保证室内空气品质。

7.2.1　建筑概况

建筑位于重庆市沙坪坝区大学城虎溪花园，为 5 户联排别墅其中的一户。该建筑共 3 层，地上 2 层，地下 1 层，总建筑面积 264.2m²，总建筑高度8.9m，如图 7-15 所示。

7.2.2　设计模拟结果

本建筑采用多区域网络模型计算分析方法，对建筑的自然通风情况进行计算分析。在建筑通风的多区域网络模型中，将能够进行相互通风的所有建筑空间视为一个供空气流通的网络系统，并认为每个房间内部的空气具有均一的温度、压力、污染物浓度。将每个房间视为网络中的一个节点，将各个房间之间的气流通道视为网络中的支路，将每个节点作为一个独立的控制体，采用

图 7-15　别墅外景图

质量、能量守恒等方程计算网络内的空气流量、压力分布情况。建立自然通风网络节点图，如图 7-16 所示。

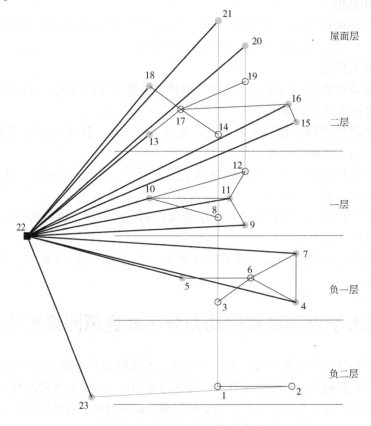

图 7-16　自然通风网络节点图

整栋建筑的自然通风示意图如图 7-17 所示。

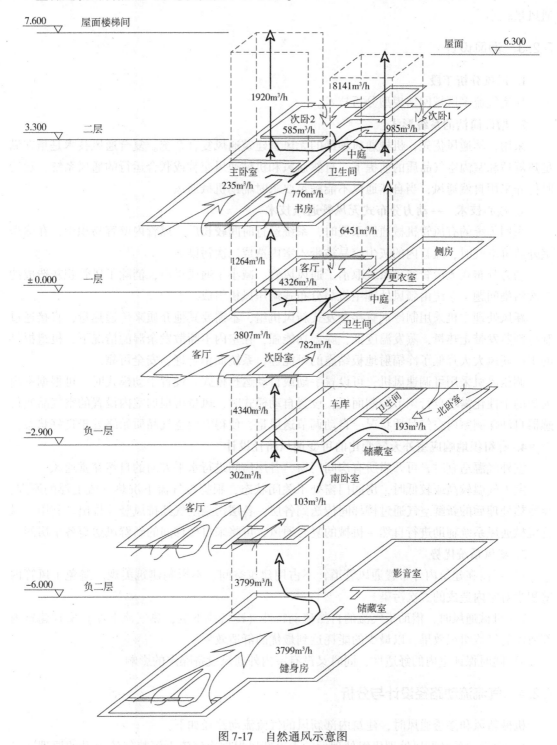

图 7-17　自然通风示意图

由热压自然通风量计算结果可知，与室外相通的门窗均为进风，屋顶楼梯间、屋顶中庭出口均为出风，楼梯间和中庭成为主要的通风通道。中庭内热压自然通风量为 6000 ~

$8000m^3/h$，对建筑物的自然通风贡献明显。而人员停留时间较长的客厅、卧室的热压自然通风量较小。

7.2.3 通风设计

1. 通风分析手段

住宅气流多区域网络模型分析技术。

2. 增设简洁的系统形式

采用自然通风优先，机械通风辅助的无风管建筑通风复合系统。复合通风技术是指在满足热舒适和室内空气品质的前提下，自然通风和机械通风交替或联合运行的通风系统，运行时优先采用自然通风，当自然通风不能满足要求时辅助机械通风。

3. 核心技术——动力分布式无风管通风技术

采用传统的有风管机械通风系统时，系统运行时间较长后，风管内壁容易积尘，在输送室外新鲜空气时，风管内的灰尘容易被带入室内造成二次污染。

动力分布式无风管通风系统取消了通风风管，减小了通风噪声，消除了风管积灰造成的二次污染问题。系统由新风处理主机与分布式调压风机组成。

新风处理主机采用制冷剂直接蒸发式新风机组，不需要其他介质来传递热量，直接通过制冷剂蒸发带走热量，蒸发温度低，除湿功能强，在室内不断散发余湿的情况下，机组提供的干冷新风大大降低了冷辐射地板结露的可能性，系统简单合理、安全可靠。

调压风机采用可调速风机，可设置手动或自动运行模式。设置手动模式时，可根据室内人员的个性化需求自行调节控制面板；设置自动模式时，风量可根据室内设置的空气品质传感器自动探测室内空气品质状况，自动调节送风量，使得室内空气品质始终处于良好状态。

4. 有组织地响应室外天气变化的可变通风路径设计

室外气温适宜时，可开启所有房间门窗，各层房间进行水平方向的自然穿堂通风。

室外气温较高或较低时，房间门窗处于关闭状态，根据冷气流下沉热气流上浮的原理，经冷热处理后的新鲜空气通过楼梯间传送到各层，各层污染空气经排风竖井排出。利用无风管机械通风系统辅助进行自然＋机械的复合通风，可将来自楼梯间的新鲜风送至各个房间。

5. 新风系统优势

1）不需在建筑内外布置通风管道，不占用建筑空间、不影响建筑美观。避免了风管内壁积尘对室内造成的二次污染。

2）机械通风时，借助于气流的自然流动特性（冷气流下沉，热气流上浮）实现建筑内部所需的气流组织效果，以最少的能耗达到最优的舒适效果。

3）随时保证室内的舒适性，同时又没有室内外通风设备噪声的影响。

7.2.4 气流流动路径设计与分析

机械新风和渗透通风时，建筑内部新风的气流流动路径如下：

1）建筑顶部经新风处理机组处理后的干冷新风根据冷气流下沉热气流上升的原理通过楼梯间向建筑下部流动，一部分被通往屋顶的楼梯间转台处设置的取风口吸入，通过风机和卧室上部设置的新风口送入房间内，一部分经楼梯间继续下沉，如图7-18、图7-19所示。

图 7-18　室外新风主机和新风取风口

图 7-19　楼梯间新风总送风口与房间新风取风口
（图中：顶部为楼梯间新风送风口，下部为
两侧卧室的新风取风口，内置小风机）

2）继续向下流动的空气到达二层时，气流分成三个流动路径，一部分向楼梯间左侧房间流动，一部分向右侧房间流动，改善二层室内空气品质后，另一部分继续向一层房间流动，如图 7-20 所示。

图 7-20　卧室内的新风送风口

3）到达一层的气流与二层气流的流动路径相同，一部分向楼梯间左侧房间流动，一部分向右侧房间流动；另一部分继续向地下室流动，以保证地下室的新风需求，如图 7-21 所示。

4）干冷的新风经室内冷负荷加热后排出房间的路径。

地下室排风通过燃气热水器和热水小室开启的门流入排风竖井，一层和二层排风均通过卫生间设置的与排风竖井连通的窗户流入排风竖井，最终通过建筑顶部设置的排风口排至室外，如图 7-22 ~ 图 7-24 所示。

图 7-21　楼梯间气流分流

图 7-22　燃气热水器和热水储水罐小室的门

图 7-23　燃气热水器和热水储水罐小室兼排风竖井

图 7-24　排风竖井

7.2.5　通风系统的运行策略

夏季新风系统的具体运行情况如下：

1）早晨（6:00 左右）室外气温较低，开启所有房间门窗，各个房间以水平方向为主，竖向为辅充分进行自然通风。

2）上午（10:00 左右）室外气温升高，关闭所有门窗，房间内靠门窗的渗透作用补充新风即进行渗透通风。气流具体流动路径同机械新风气流流动的描述。

原因解释：由于前一天机械新风系统的持续开启，楼梯间墙体壁面均为较冷壁面，而排风竖井因持续不断地排出携带室内冷负荷的热风以及热水储水罐和管道的散热作用，竖井壁面均为较热壁面。此时，渗透进入室内的新风在楼梯间遇到冷壁面被冷却后根据冷气流下沉的原理通过楼梯间向下流动，改善室内空气品质，当流入排风竖井后，被热壁面进一步加热，热气流不断上升至排出室外。

3）中午（12:00 左右）室外气温进一步升高，仅靠房间内门窗的渗透作用补充新风不足以满足室内的新风需求，此时开启直接蒸发式新风处理主机进行动力分布式无风管机械送风。

4）下午（15：00左右）室外温度最高，室内冷负荷最大，若仅开启新风系统则无法满足室内人员的热舒适，可开启双面地板辐射供冷系统，与新风系统联合运行，保证室内人员的热舒适。

5）晚间（22：00左右）关闭双面地板辐射供冷，持续使用机械新风。地板内蓄存的冷量仍持续不断地向室内释放，而机械新风系统保证室内的空气品质，直至第二天早晨开启门窗进行自然通风前，关闭机械新风。

7.2.6 保证地下室健康舒适节能的技术策略

保证设置地板辐射供冷系统的地下室的健康舒适节能，处理好地下空间的自然采光和通风问题是关键。

有条件的情况下可设置密闭固定的外窗，设置外窗可使自然光线直接照射至室内，保证地下室白天的自然采光并防止地下空间受潮发霉，同时，窗子的密闭固定又可避免地下空间冷负荷较大且地板辐射供冷系统运行时，室外潮湿空气直接进入室内导致地板表面结露，如图7-25、图7-26所示。

图7-25 地下室设置的外窗　　　　　　　　　图7-26 地下室良好的自然采光

另外，窗子的密闭固定，使得地下室不能直接靠外窗进行自然通风，那么保证地下空间拥有良好的空气品质即是借助复合式通风技术中自然通风、渗透通风和机械送风时的气流流动来实现，具体内容可参看复合式通风技术的描述。

如此，既可保证地下室的健康舒适，又达到了节能的目的。

7.3 舜山府流通型动力分布式新风系统及室内环境营造设计方案

7.3.1 摘要

住宅环境控制应从分析建筑功能和使用特点开始，将民用建筑内厨、卫、洗涤、污染设备等固定的空气污染源控制好，再计算各建筑空间的全年卫生通风需求，设计能保障这一需求的卫生通风系统。然后分析在卫生通风条件下各建筑空间全年的热湿状况，对比需求的热舒适水平，分析各建筑空间的冷、热、湿负荷变化规律，确定热湿处理末端形式和大小，再构建冷热源，设计冷热输配系统。从节能角度，降温通风的利用程度需在设计卫生通风系统时一并考虑，通过针对具体工程的技术经济综合分析，确定是否增强卫生通风的降温功能。增强卫生通风的降温功能，只能缩短热湿处理系统的运行时间，从而节约能源，不能减小热湿处理系统的规模和节约其建造费。相反，会增加卫生通风系统的建造费用。

1. 本住宅室内环境调控内容

1）室内空气质量调控。

2）室内湿度调控。

3）室内温度调控。

2. 调控参数

1）新鲜空气量，通风季节4次/h，4000m³/h，供暖、空调、除湿季节1.5次/h，1000m³/h。

2）相对湿度，供暖季节不低于30%；通风、空调、除湿季节不高于60%；全年调控变化范围30%~60%。

3）干球温度，供暖季节不低于20℃；通风季节20~28℃；空调季节不超过24~26℃；除湿季节20~28℃；全年调控变化范围20~28℃。

3. 调控措施

1）流通式新风系统。

2）新风洁净与热湿处理系统。

3）房间地暖系统。

4）房间在特殊使用情况下的辅助调节措施。

4. 室内空气质量调控——流通式新风系统功能一

（1）主要污染空间机械排风量

厨房使用时段6次/h，非使用时段3次/h。

卫生间使用时段4次/h，非使用时段2次/h。

（2）通风季节自然通风量与气流组织

室内全区域自然通风量不小于4次/h（4000m³/h）。

通风季节，卧室、书房、餐厅、客厅等所有居住房间的外门外窗有效开启面积不小于房间面积的10%。利用室外风向、内门的开闭和内墙上的导流孔口、导流风机及厨、卫排风机的共同作用下形成通风季节气流路线：

室外清洁空气→迎风的外门外窗→迎风侧的卧室、起居室→过道、门厅→背风侧的卧室、起居室→背风的外门外窗→排到室外。有一小部分由厨、卫的机械排风排出。

（3）供暖空调季节新风量与气流组织

除湿、供暖和空调季节新风量1000m³/h。

除湿、供暖和空调季节，卧室、书房、餐厅、客厅等所有居住房间的外门外窗关闭。设置新风采集区、新风处理机、主送风机、总分风器、内墙上的导流孔口、导流风机及厨、卫排风共同作用下形成除湿、供暖和空调季节气流路线：

新风采集区的新风→新风处理机→主送风机→总分风器→卧室书房等（一级清洁区）→

过渡区→客厅餐厅等（二级清洁区）→厨卫等（污染空间）及外门窗缝隙排到室外。

5. 室内湿度调控——流通式新风系统功能二

1）厨卫排风机控制和排除厨卫的高强度散湿。

2）通风季节，自然通风的新风系统排除室内分散性散湿。

3）除湿、空调季节，新风经新风机深度除湿后，提高能力，吸收室内分散性散湿。

4）供暖季节，重庆地区冬季室外空气含湿量略低于室内设计值，新风加热后，充分吸收室内分散性散湿后，达到室内湿度要求。

6. 室内温度调控——流通式新风系统的热舒适辅助系统

1）通风季节，流通式新风系统能够保障室内环境的热舒适，不需热舒适辅助系统。

2）供暖季节，辐射地板系统处于供暖工况，保障室温不低于20℃，达到热舒适。

3）空调季节，辐射地板系统处于供冷工况，保障室温不高于26℃，达到热舒适。

4）除湿季节，若经流通式新风系统除湿后，室温偏低，体感偏冷，辐射地板系统处于微供暖工况，适当提升室温，消除冷感，达到热舒适。

7. 主要设备与流体输配管网系统

1）多功能新风机组。

2）新风机组冷热源设备。

3）带射流清扫功能的新风配送器。

4）流通风机与流通风口。

5）冷暖地板系统冷热源设备。

6）冷暖地板的冷热水输配管网。

7）循环水泵。

8）厨卫排风机。

8. 系统控制

智能控制与人为控制相结合；人为控制优先。

9. 能源需求

电能，三相380V、单相220V。

10. 环境友好与资源节约

1）高能效低噪声设备与系统。

2）符合排风标准的室内排风。

3）凝结水由新风机集中排放，可用于养鱼、浇灌植物、冲洗卫生间便器等。

11. 相关标准

1）重庆市《居住建筑节能65%（绿色建筑）设计标准》（DBJ 50—071—2016）。

2）《民用建筑供暖通风与空调调节设计规范》（GB 50736—2012）。

3）《辐射供暖供冷技术规程》（JGJ 142—2012）。

7.3.2 本方案设计的基本思想——"通风优先，热湿调控配合"

人居的室内环境，应该以人为本，保障居住者的安全健康、舒适便捷，同时与环境友好。

住宅的环境控制需求是全年连续性的。住宅环境控制的各种需求是相互关联的。历史上，本为一个有机整体的住宅环境控制体系被人为分离成相互独立的供暖、通风和空调等系统。这使住宅环境控制所需要的各种时空资源、空气资源、冷热资源等难以共用，不能实现高效节约。社会环境等各种制约条件错综复杂，建筑节能减排，新能源在建筑中的应用等也要求从通风、供暖和空调诸方面综合考虑。工程中继续将通风、供暖和空调三者截然分开，已不合时宜。

住宅内任何时间都需要质量良好的空气。通风的第一功能是保障建筑内的呼吸安全与健康。第二功能是提供建筑内的热舒适。根据室内空气质量和热舒适的相对重要性，根据通风和舒适空调使用的时空特点（通风是全空间、全时间需要使用的，供暖和空调是部分空间、部分时间需要的）和技术难度，住宅环境控制的基本思路应是通风优先，热湿调控配合。

通风优先的室内空气质量控制，需从分析建筑功能和使用特点开始，确定室内空气污染源及其污染区域；确定各房间的空气质量等级和保障时间；制订保障方案，设计通风系统。然后分析通风系统运行下，住宅室内全年的热舒适状况。

7.3.3 本住宅各功能空间使用特点和分区

本住宅建筑位于重庆市，建造于2017年，两梯两户，共17层，层高3.5m，本节所分析住宅户型位于七层。该套住宅总建筑面积355m²。本住宅只有入户门一个出入口，在东、南、西三方都有宽大的阳台与室外相通。通过与业主的沟通，了解本住宅的使用特点。本住宅是业主自己居住，卧室的基本使用行为是静卧，基本是夜间使用，卧室内不会有吸烟、酗酒等污染空气的行为，更换的脏衣物等会及时清理出卧室。书房的基本使用行为是静坐，使用时间主要在工作日的傍晚至半夜之前，或休息、节假日的下午及晚间，与卧室的使用时间存在重叠性，使用行为的清洁性不低于卧室。客厅、餐厅等起居空间白天使用，基本使用行为是轻微的动和不静的坐，卧室区与起居区的同时使用时间少，起居空间会保持整洁，但不能保证没有污染空气的行为。

根据各功能区使用的同时性与行为的共性特点，将住宅平面划分为几个区域，见表7-2。

表7-2　功能区划分

卧室区	包括卧室、儿童房及儿童卧室和书房
起居区	包括客厅、餐厅、功能房和茶室
过道区	过道、门厅
污杂区	厨、卫、杂物间等

7.3.4 本住宅功能空间的空气清洁等级划分

以居住者的身体健康为目标，划分各功能空间的空气清洁等级。

以人体呼吸系统对空气污染物的累积暴露值为划分空气清洁等级的基本标尺，兼顾经济合理和高能效，按照基本相当的累积暴露值指标，一天累积停留时间越长的功能空间，空气清洁等级越高，一天累积停留时间相近的功能空间，空气清洁等级相同。没有明显空气污染源，使用行为清洁的，清洁等级高；有明显空气污染源的，或有污染空气行为的，清洁等级低。

　　卧室区一天累积停留时间最长，使用行为清洁，将卧室区划为最高清洁等级——空气一级清洁区，采取一级保障措施；起居区划为空气二级清洁区，采取二级保障措施；过道区（过道、门厅）位置处于卧室区与起居区之间，是二者空气流通的必经之道，划为一、二级过渡区，采取不低于二级的保障措施。污杂区等为污染区域，采取空气污染控制措施，设置机械排风系统将厨、卫、污染设备等固定空气污源控制好，如图 7-27 所示。

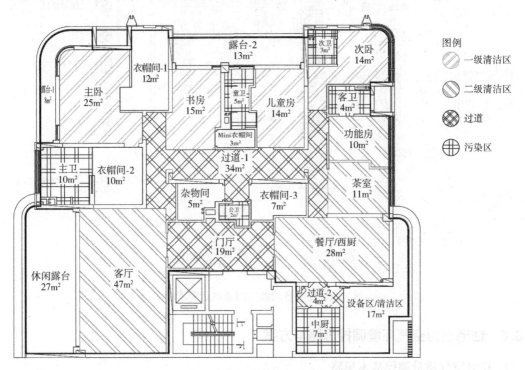

图 7-27　住宅空气清洁等级分区平面图

7.3.5　各功能空间通风需求

　　通风的第一功能是保障建筑内的呼吸安全与健康，第一功能是不可弱化，更是不可替代的基本功能。第二功能是构成改善室内热舒适的综合措施，第二功能可强可弱可替代，取决于技术经济的合理性。通风优先，首先是分析确定各功能空间全年呼吸安全与健康的通风需求。呼吸安全首先要求的是保障人体新陈代谢的需氧量，不能发生缺氧窒息等急性安全事故。满足这一要求的通风量是可以计算的，住宅卫生标准中的人均新风量能满足这一要求。呼吸健康要求减少乃至消除所呼吸空气的污染物对人体健康的危害。空气中的污染物来源于室内外污染源，有上千种之多，它们混在一起给人体健康造成的危害，卫生学尚不能给出确定性的定量结论。工程上只能根据工程实践经验，确定需要的通风量，通常以"次/h"为单位。通风量越大，对呼吸安全与健康的保障越强，居住者也越能感受到空气清新，相应的工程造价和运行费也越高，需要综合权衡。本住宅人均面积较大，室内清洁，分散性空气污染源较弱，采用标准中规定的 1 次/h 的通风量，再配以良好的新风采集与净化处理，合理的室内气流路线，能够获得良好的呼吸安全与健康保障。

合理的室内气流路线设计为：从新风源→卧室区→起居区→厨、卫→室外允许排风区域，构建成保障性好、经济性也好的通风系统，如图 7-28 所示。

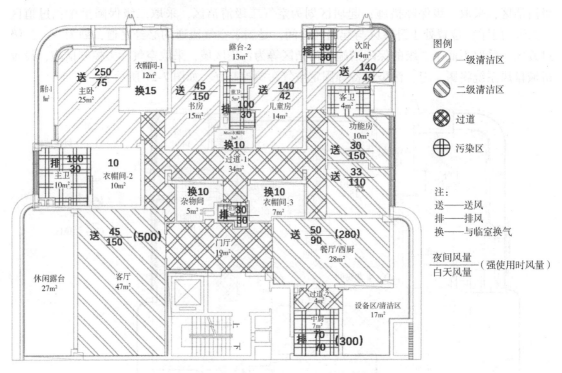

图 7-28　住宅各功能空间通风量需求图

7.3.6　住宅室内空气环境调控思路与方案

1. 住宅空气质量调控基本思路

放弃当前普遍采用集中式管道通风系统，采取分别向各房间送新风的做法。同时借鉴工业通风控制空气污染源的要领："消除和削减-封闭-围挡-阻隔-吸气气流捕集"，加强对厨、卫等污染源的管控。全年每天 24h 持续控制空气污染源，将污染空气限制在污染区内。借助现代科学技术，重建南方传统民居气流通畅、空气清新的特性。通过整套住宅的气流组织实现新鲜空气的主流→一级清洁区→过道区、二级清洁区→污染区→排除。

分别针对通风季节和非通风季节按基本思路分析通风方案。

2. 通风季节"自然通风 + 机械排风"方案分析

通风季节室外新风处于舒适状态，不需进行热湿处理。

住宅内的主要空气污染源为卫生间和厨房，采用机械排风措施控制：

1）卫生间空气污染源控制：关闭卫生间门窗，卫生间门下部通风口关闭。无人使用时，卫生间门下部通风口关闭，排风机低速运行，排风量 1 次/h。有人使用时，卫生间门下部通风口开启，排风机高速运行，排风量 3 次/h。

2）厨房空气污染源控制：关闭厨房外窗，非炊事时间，排风机持续运行，排风量 3 次/h；炊事时间，排风机和抽油烟机同时运行，排风量 6 次/h。

3）通风季节，卧室、起居室应保证外门窗可开启的有效面积大于房间面积的 10%。利用风压作用下的自然通风＋污染区机械排风，总通风量：室内全区域 4 次/h，约 4000m³/h。在厨、卫排风形成的负压梯度下，实现如下气流组织路线：

室外清洁空气→卧室区→过道、门厅→起居室→厨房、卫生间→排出室外。

由于室外风向的不稳定性，风会从厨、卫开启的外窗吹入，将厨、卫的污染空气、气味等扩散到一、二级清洁区。因此除避风窗外，厨卫的外窗必须保持关闭；而厨卫的机械排风系统必须保持持续开启。

各功能空间自然通风所需有效过流面积以及机械通风量见表 7-3、表 7-4，如图 7-29 所示，风量平衡表见表 7-5。

表 7-3　通风季节自然通风＋机械排风数据

房间名称（具有通风功能）	房间面积/m²	自然通风有效过流面积/m²	机械排风量/(m³/h)
主卧	25	1	
主卫	10		100
衣帽间-1	12		100
书房	15	0.63	
儿童房	14	0.57	
童卫	6		100
次卧	14	0.57	
次卫	3		50
功能房	10	0.5	
茶室	11	0.5	
客卫	4		30
公卫	2		30
客厅	47	2	
餐厅	28		300
中厨	11		280
门厅	19		100
合计		5.77	1090

表 7-4　通风季节衣帽间等换气量

房间名称	房间面积/m²	换气量/(m³/h)
衣帽间-2	10	15
mini 衣帽间	3	10
衣帽间-3	7	10
杂物间	5	10
合计		45

本住宅建筑各房间外门窗可开启面积均大于自然通风所需有效过流面积，通风季节自然通风换气可满足要求。

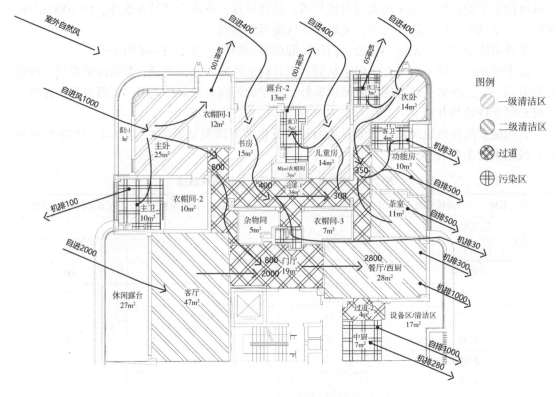

图 7-29 通风季节自然通风 + 机械排风图

表 7-5 通风季节风量平衡表

	进风量/（m³/h）		排风量/（m³/h）	备注
自然进风	4200	自然排风	3000	
		机械排风	990	
合计	4200		3990	渗出 210

3. 非通风季节机械送风 + 机械排风风量需求

非通风季节室外新风处于非舒适状态，需进行热湿处理，要消耗能源，需要适当控制新风量。

非通风季节，清洁区机械送风 + 污染区机械排风，各功能空间的通风量见表 7-6。

表 7-6 非通风季节机械送风 + 机械排风数据　　　　　　（单位：m³/h）

房间名称	房间面积/m²	机械送风		机械排风	
		白天	夜间	白天	夜间
主卧	25	75	250		
主卫	10			30	100
书房	15	150	45		
儿童房	14	42	140		

（续）

房间名称	房间面积/m²	机械送风		机械排风	
		白天	夜间	白天	夜间
童卫	6			30	100
次卧	14	42	140		
次卫	3			30	50
功能房	10	150	30		
茶室	11	110	33		
客卫	4			30	30
公卫	2			30	30
客厅	47	150/500	45		
餐厅	28	90/280	50		
中厨	11			300/70	70
门厅	19			100	100
合计	219	734	733	500/320	480

非通风季节，衣帽间等的换气量同通风季节的表7-3。

由表7-6可知，昼、夜间总风量相近，不需昼夜变总换风量。考虑非通风季节，要求新风具有的除湿功能，非通风季节的机械新风量确定为1000m³/h。各房间昼、夜间风量变化需单独调节。总送风量大于总排风量，整套住宅对外保持正压。

4. 新风源与新风输送

通过与本住宅业主的沟通以及对住宅周边环境的调查了解，确定本住宅机械通风所需新风从露台-2左侧位置取风，在"童卫"柱子处加设隔断，将童卫窗口隔除在新风源外。新风机组从新风源取得清新空气，将新风先送入住宅最清洁空间卧室区（主卧、书房、儿童房和次卧）。再借助接力风机以及气流的梯级压差流动，送入过道区和起居区（客厅、餐厅）等区域，实现新风在住宅各功能空间，从高清洁区到低清洁的单向串联输送，如图7-30所示。整个空间实现了无风管新风系统，避免风管系统的污染和清洗问题。

7.3.7 室内外设计气象参数

1. 室外设计气象参数

室外设计气象参数见表7-7。

表7-7 室外设计气象参数

室外设计气象参数	夏季	冬季
干球温度/℃	35.5	2.2
湿球温度/℃	26.5	
相对湿度（%）	50.30	83
含湿量/（g/kg）	19.4	3.9
焓值/（kJ/kg）	85.5	11.9

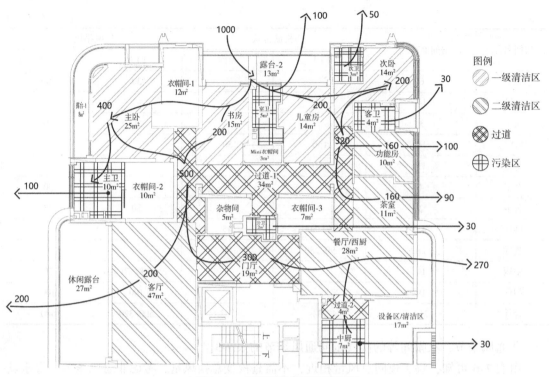

图 7-30 非通风季节新风输送图

2. 室内设计气象参数

室内设计气象参数见表 7-8。

表 7-8 室内设计气象参数

区域	设计参数	夏季	冬季
卧室、书房、客厅、餐厅、多功能厅等	设计温度/℃	24	20
	相对湿度（%）	60	30
	含湿量/（g/kg干）	11.8	4.6
	焓值/（kJ/kg）	54.2	31.8
其他区域	仅进行通风系统设计，靠住宅内气流流动实现该部分空间区域的供暖、供冷		

各空间设计参数如图 7-31 所示。

3. 负荷计算结果

通过鸿业软件进行本住宅的负荷计算，本建筑负荷指标见表 7-9。

表 7-9 负荷指标

	夏季	冬季
总负荷/kW	28.2	16.5
室内负荷/kW	20.6	9.7
新风负荷/kW	7.6	6.8
单位建筑面积总冷热负荷指标/（W/m²）	79.4	46.5
单位建筑面积室内冷热负荷指标/（W/m²）	58	27.3

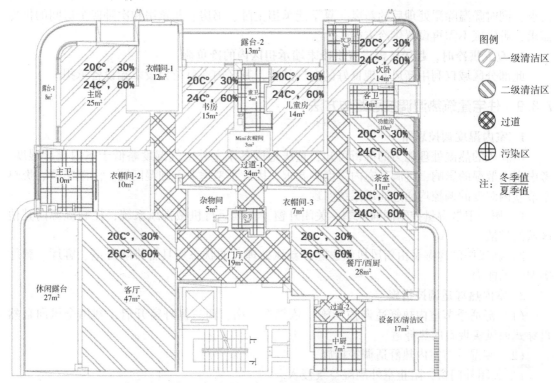

图 7-31 冬夏及潮湿季节室内热湿设计参数

7.3.8 新风热湿负荷承担能力分析

在全年通风方案确定的条件下，分析各功能空间全年的热湿状况，对比需求的热舒适水平，分析各功能空间的冷、热、湿负荷变化规律，确定辅助通风实现热舒适的热湿处理末端形式和大小。再构建冷热源，设计冷热输配系统。从而形成住宅室内空气与热环境的综合技术体系。

本住宅通风方案，对新风采用梯级利用方式。即新风从露台-2 处引入，经过滤、净化、冷热处理后的新风，首先进入主卧、书房、儿童房和次卧，进入主卧、书房、儿童房、次卧的新风承担冷负荷后温度升高，经接力风机或气流梯级压差流动的作用，再引入客厅、厨房、餐厅等区域。

1. 冬季供暖时，新风仅承担新风负荷

由室内外设计参数可知，冬季室内舒适环境所需含湿量 4.6g/kg，高于室外空气含湿量 3.9g/kg，考虑室内湿源散湿，新风可不进行加湿处理，新风加热处理至 26℃后直接送入室内。

新风机组所需加热量：$Q = 1.01 \times 1000 \times 1.2 \times (26 - 2.2)/3600 = 8$（kW）

2. 夏天供冷时，新风承担卧室区内的冷负荷

新风处理到与室内设计温度（24℃）最大温差 8℃，即新风送风温度 16℃，相对湿度 90%，含湿量 10.7g/kg，焓值 43.3kJ/kg。

新风机组所需冷量：$Q = 1000 \times 1.2 \times (85.5 - 43.3)/3600 = 14.1$（kW）

新风机组冷量除承担新风本身冷负荷 7.6kW 外，还可承担室内冷负荷 6.5kW。

主卧、书房、儿童房、次卧房共计 68m²。室内冷负荷分别为 2.83kW、0.85kW、0.79kW、2.19kW，共计约 6.66kW。

通过新风冬夏季所能承担的室内热湿负荷能力分析可知，不仅满足该区域对空气品质的需求，同时降温除湿处理后的新风，夏季能承担主卧、书房、儿童房和次卧四个房间的供冷需求，卧室区不需再设置供冷末端。

3. 夏天供冷时，起居区需设置供冷末端承担区内的冷负荷

此部分区域仅利用新风实现良好的空气品质，其区内冷负荷另设末端设备承担。

7.3.9 住宅建筑热湿调控思路与方法

1. 室内湿度调控思路

由新风的热湿处理能力的分析可知，重庆地区冬季室外空气湿度略低于室内设计湿度，考虑室内散湿的影响，可满足室内湿度的要求，因此不考虑冬季加湿问题。潮湿季节、炎热季节室内湿度的调控均通过通风系统实现。

1）厨、卫散湿量控制同通风季，关闭外窗，持续运行机械排风系统，控制湿源向其他区域的扩散。

2）新风中的含湿量由新风机组去除，新风处理后的状态点具备排除卧室、客厅、餐厅等湿气的能力。

2. 室内热舒适调控措施

（1）舒适季节室内热舒适调控措施　依靠东、南、西三侧外窗开启，利用全风向自然贯穿式通风实现室内热舒适。

（2）潮湿季节室内热舒适调控措施

1）关闭外门窗，阻止室外潮湿空气侵入。

2）新风机组对新风进行降温除湿，使其在消除室内湿气的同时，具有消除室内多余热量的能力，保持室内热舒适。

3. 寒冷季节室内热舒适调控措施

1）关闭外门窗，阻止室外冷空气侵入室内，调节遮阳，引阳光照射室内，削弱围护结构的热损失。

2）新风机处理新风达到热舒适状态（$t_g = 26℃$）。

3）长波热辐射地板（$t_s = 27℃$）保持各房间的热舒适。

按照冬季室内设计温度20℃，供热辐射面表面温度27℃考虑，本住宅可敷设加热供冷管道的地板面积约220m^2，单位地板辐射表面散热量约64W/m^2，冬季地板辐射系统可提供热量14.08kW，大于室内热负荷9.7kW，满足室内供热需求。

4. 炎热季节室内热舒适调控措施

1）关闭外门窗，阻止室外热空气侵入，调节遮阳避免太阳直射室内，削弱围护结构传入室内的热量。

2）新风机组处理新风状态点为18℃、90%，使其具有承担卧室区冷负荷的能力，24h保障卧室区的热舒适。

3）客厅、餐厅、门厅等非夜间（7:00~24:00）的热舒适，由该区域的热湿调节末端消除，实现热舒适。

按照夏季室内设计温度26℃，供冷辐射面表面温度20℃考虑，本住宅可敷设加热供冷管道的地板面积约220m^2，单位地板辐射表面散热量约40W/m^2，夏季地板辐射系统可提供热量8.8kW，新风机组可承担的室内冷负荷6.5kW，还有约5.3kW的冷负荷需要其他供冷末端承担。本住宅考虑在客厅和餐厅分别布置一台3kW冷量的干式风机盘管承担室内剩余冷负荷。设备及系统布置方案图如图7-32和图7-33所示。

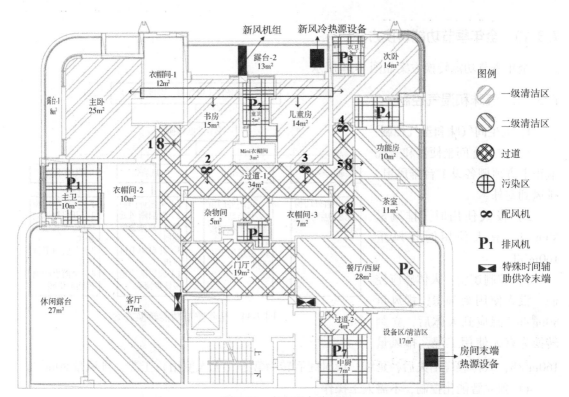

图 7-32　主要设备位置图

图例

- ◐ 一级清洁区
- ◓ 二级清洁区
- ⊗ 过道
- ⊞ 污染区
- ∞ 配风机
- **P₁** 排风机
- ▷◁ 特殊时间辅助供冷末端

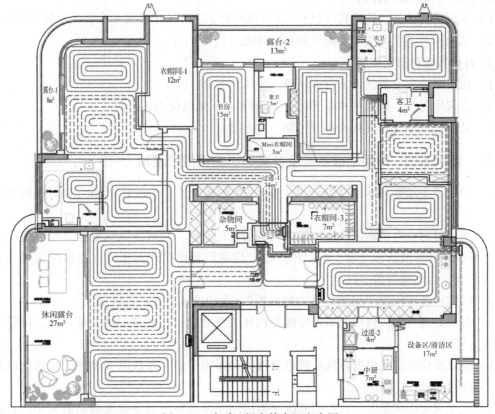

图 7-33　冷暖地板盘管布置方案图

7.3.10 全年季节功能转换方案

全年季节功能转换方案如图 7-34 所示。

7.3.11 气味和湿气控制

1. 卫生间气味和湿气控制

1）在卫生间坐便器和盥洗盆正上方顶棚各设 1 台排风扇，排风到室外。

2）没人使用时，排风量 80m³/h，有人使用时排风量 160m³/h。

3）控制逻辑：人体感应控制。没人使用为常态，排风量 80m³/h，感应到人体后，立刻转换为有人使用工况，排风量

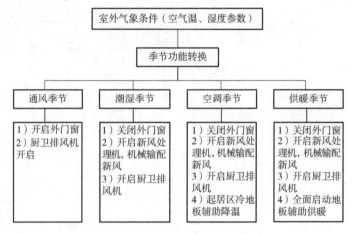

图 7-34　全年季节功能转换方案

160m³/h，人体感应消失后，延续一段时间后转为常态（无人使用）工况，排风量 80m³/h。

4）独立智能化控制，不需人工操作。

2. 厨房气味和湿气控制

1）在厨房洗涤盆、洗碗盆（机）、备餐操作台正上方顶棚各设 1 台排风扇排风到室外。

2）其余同"卫生间气味和湿气控制"中的 2）、3）、4）。

3. 餐桌气味和湿气控制

1）在餐桌正上方顶棚设 1 台排风扇，排风到室外。

2）没人用餐时，排风量 80m³/h，有人用餐时，排风量 160m³/h。

3）其余同"卫生间气味和湿气控制"中的 3）、4）。

7.3.12 新风系统、冷暖地板系统及补充风机盘管控制逻辑

1）门厅设手动新风输送系统开关。第一个入家人员手动开启，新风处理机的主风机启动。

2）新风处理机自带新风采集口新风状态信息传感器，获取新风信息传送给新风状态辨识器。辨识器将新风状态（良、湿、热、冷）传递给新风冷热源主机，主机按新风状态决定运行状态，启动满负荷运行。

3）卧室区各房间设"房间环境控制面板"，手动调节本房间送风量。

4）新风处理机主风机根据新风分配器内压力变化，改变转速，增、减风量，维持分配器内压力稳定。

5）新风冷热源主机根据新风处理机热湿处理器出口新风参数调节冷热源主机的冷热量输出，维持新风送风参数稳定。

6）人工设定房间温度值，控制系统根据房间实际温度与设定温度的差值大小，自动开

闭本房间冷暖地板。

7）冷暖地板循环水泵根据冷暖地板回水温度，调整循环水泵转速，调节循环水量。

8）冷暖地板主机自动保持供水温度稳定。

9）主要设备联锁关系。

开启顺序：

首先开新风处理机主机→开新风处理冷热源主机→开冷暖地板循环水泵→开冷暖地板冷热源主机。

关闭顺序：

首先关闭冷暖地板冷热源主机→关冷暖地板循环水泵→关新风处理冷热源主机→关新风处理机主机。

7.4 贵州息烽医院普通病区动力分布式通风系统设计与效果实测

该工程位于贵州省息烽县，是集门诊和住院为一体的综合大楼，总建筑面积 27243m²，其中地下建筑面积 9531m²，地上建筑面积 17712m²；总楼层为 18 层，地下 2 层，地上 16 层，其中一、二层为门诊，三~五层，八~十五层为住院部，六层为手术室，七层和十六层为会议室和档案室，总床位数量为 424 张。建筑高度为 61.6m，属于一类高层建筑，于 2010 年 11 月开工建设，2014 年 10 月 8 日正式投入运营。需要说明的是，作者从 2010 年息烽县人民医院规划设计时即参与到项目中，作为技术主要负责人员参与制订了暖通空调系统方案、绿色医院建筑咨询等工作，该项目已于 2014 年取得国家绿色医院建筑三星级设计标识。

7.4.1 新风系统的设计

1. 公共空间的通风设计

该医院属于中国西部地区县级二级甲等综合医院，没有预约挂号与特色专科，是医保定点单位，且医疗水平、服务质量和医疗价格均处于中等水平，根据居发礼博士论文提出的诊床比设计计算模型，将各因素的实际情况赋值计算得到年平均诊床比为 1.623，医院床位数为 424 张，可得年平均门诊量为 688。根据推荐的县级医院月、周和小时分布系数计算得到全年 8760h 的逐时门诊量，各月每周逐日门诊量如图 7-35 所示，最大日门诊日

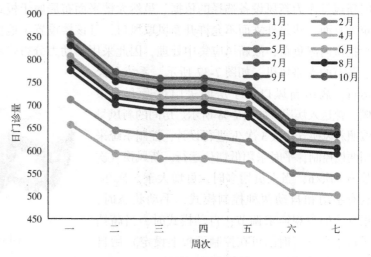

图 7-35　各月每周逐日门诊量

的逐时门诊量如图 7-36 所示。

由于公共区域主要是取药大厅，取药方式采用传统方式，即递交处方单后等候取药，故取医疗流程修正系数为 1，建筑空间布局和管理制度修正系数均取 1，陪同率取 1.2，根据居发礼博士论文提出的门诊人流量计算模型可得到最大小时人流量为 250 人，则最大设计总新风量为 7500m³/h，考虑到该医院有两处取药大厅，分布在不同的大楼内且两者面积大致相当，故确定此取药大厅的新风设计量为 3750m³/h。将该空间单独设置一

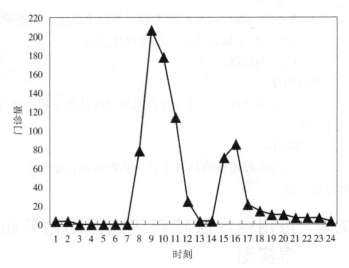

图 7-36　最大日门诊日的逐时门诊量

套新风系统，系统没有设置任何空气品质或 CO_2 传感器，根据预先设定好的全年人流量的预测变化规律变风量运行。

2. 病房的通风设计

通过与医院方访谈大楼建成后病房的管理制度及可能落实的情况，得知该医院大楼的陪护制度为只允许 1 人陪护，探视制度无明确规定，考虑到县级医院执行管理制度的实际情况，明确了病房内部人流量的变化具有不确定性。根据居发礼博士论文研究成果，得出医院病房人流量模型可知该三人病房的常态人流量为 6 人，分别为 3 名患者和 3 名陪护，由于无探视管理制度，考虑到县级医院的病房内农村患者较多，故其探视人员往往较多的实际情况，应考虑探视人员对室内空气环境产生的影响，取每间病房的探视人员为 6 人，故常态下设计新风量换气次数为 2 次/h，非常态时的新风量换气次数为 3 次/h。取 3 次/h 换气次数的新风量作为新风设备选择的依据。虽然大楼平面布局属于板式单廊形，但由于不能破坏建筑外立面，建筑外立面不允许开新风取风口，且该楼设置了地板双面辐射供冷系统，新风需承担室内湿负荷，故新风应集中处理，因此采用了动力分布式新风系统，每个房间均有可独立调节的支路风机，如图 7-37 所示，系统全天运行。病房新风口设于房间进门过道上方顶棚，侧送入病房，如图 7-38 所示。房间的新风量按照新风换气次数 3 次/h 进行设计，控制系统采用两档控制，平时采用低档位运行，新风换气次数为 2 次/h，当人员增多时，可增大至 3 次/h。具有手动和自动两种控制模式，手动状态时，根据人的主观需求调节；自动模式时，当高档运行半小时（时间可在控制面板上设定）后自动回落到低档运行，如图 7-39 所示。

图 7-37　末端支路风机

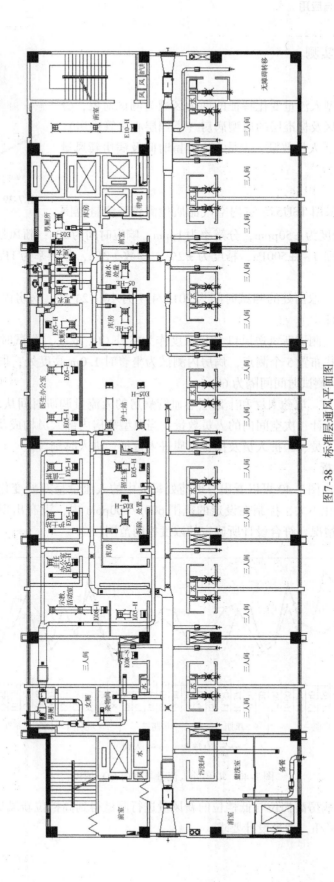

图7-38　标准层通风平面图

7.4.2 运营效果实测

1. 测试对象

选取大楼的典型人流量变化特征的两个区域为测试对象，分别为一层取药等候区及标准层的典型病房（十四层心血管病房）。对室内的 CO_2 浓度、人员数量、人员在室停留时间及病房新风量进行测试。

图 7-39 房间控制面板

2. 测试仪器

CO_2 浓度测试采用 TSI7575 室内空气品质检测仪，测量范围为 0 ~ 5000ppm，精度为 ±50ppm，分辨率为 1ppm，响应时间为 20s；新风量测试采用毕托管（MP200），测量范围 0 ~ ±500Pa，精度为 ±2%，读数 ±2Pa，分辨率为 1Pa。

3. 测试方案

（1）测试时间　取药处的测试时间为 2015 年 7 月 20 ~ 24 日；病房内测试时间为 2015 年 7 月 27 日与 28 日。

（2）CO_2 测试　测试新风送风口 CO_2 浓度作为室外 CO_2 浓度，测试时间间隔为 30min；室内测点采用梅花状布置 5 个测点，病房内测试为坐着时 1.0m 高度处；取药等候大厅为站立时 1.5m 高度处，测试时间间隔为 60min。

（3）人流量测试　取药大厅和十四层心血管病房的人流量调研时间从 8 点至 17 点，取药大厅每隔 60min 统计一次空间内的人员数量；当典型病房内部人员构成及数量变化时，记录病房病人、陪伴人员、医护人员及探视家属进入数量、进入时刻等。

4. 测试结果分析

（1）取药处　由图 7-40 可以看出，取药处每天中的人流量呈双峰变化特性，一天中的室内的 CO_2 浓度变化不大，控制在设定的范围 600 ~ 800ppm 内，没有出现超标现象，也没有浓度出现过低的情况，符合设计所确定的浓度控制范围。

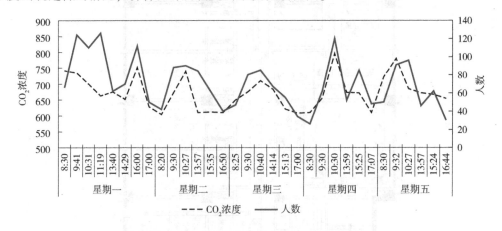

图 7-40 取药处人流量与室内 CO_2 浓度

（2）病房　对病房高档位与低档位的新风量进行测试得到高档位新风量为 135m³/h，低档位新风量为 210m³/h，满足设计要求。

　　7 月 27 日未采用控制，直接按照常态新风量持续运行，由图 7-41 可以发现在人流量较多时，即出现非常态人流量时候，室内的 CO_2 浓度持续超标近 1h，主要集中在人流量较多的 9:00~10:30 时段及 13:00~14:00，室内人数为 11~12 人，此时病人普遍感觉室内憋闷；在人流量较小的下午时段，室内 CO_2 浓度约为 700ppm，其他时刻的室内 CO_2 浓度约为 800ppm。

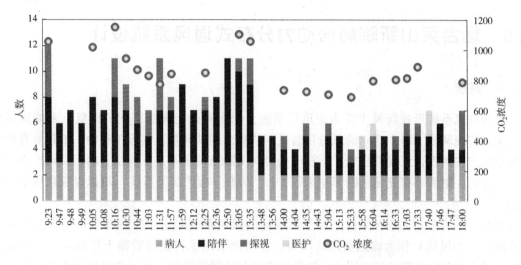

图 7-41　病房内人流量及 CO_2 浓度（无控制）

　　7 月 28 日采取控制措施进行了测试，即当人员增多出现非常态人流量时，测试人员代替室内病人临时调大风量运行，半小时后自动回落到常态新风量运行。由图 7-42 可以看出，室内 CO_2 没有超出限值，始终控制在设定的 600~800ppm 区间内，室内病人感觉良好。在 16:30，人员最多达 10 人，但室内 CO_2 浓度处于 800ppm，其他时刻无论是人数较多的 8 人，还是人数较少的 4 人，室内 CO_2 浓度处于 700ppm 左右。

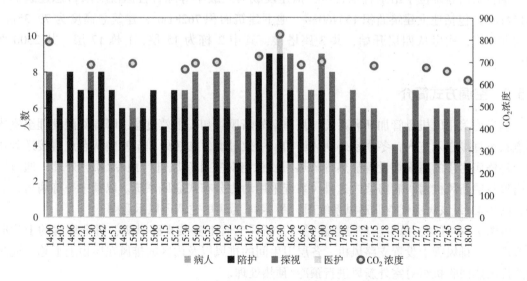

图 7-42　病房内人流量及 CO_2 浓度（有控制）

由上述两种对比测试发现，该县级医院的病房若采用按照规范规定的最小新风量设计将导致部分时段室内空气质量不佳，若在设计时调大设计新风量且定风量运行则造成新风能耗过大，采用居发礼博士论文提出的方法进行设计与运行既可解决室内空气质量问题，又能解决新风能耗过高的问题。因此由该项目实际运行效果可知，利用前期的精细化、个性化设计新风系统，可以很好地解决医院公共区域与病房内部的室内空气环境问题。

7.5 烟台莱山新院病房动力分布式通风系统设计

7.5.1 背景

常规新风系统形式新风主机为定风量系统，无法实现无级变速调节风量，末端风量恒定，无法实现调控。各个房间的风量是通过调节阀来调试风量，实际工程中，不是所有的房间风量都能按照设计工况调出来，会有一些房间实际新风量不足。病房室内污染源严重，病人体质虚弱，更需要有充足的新风量来保护。"动力分布式新风系统"可以克服常规系统的弊病。

所谓"动力分布式新风系统"是指所设计的新风系统采用主风机和自带动力的末端变风量模块（小风机）作为输送新风的动力，主风机余压承担输送管路干管的阻力，末端变风量模块承担对应支管的输送阻力，取消用于调节风量的风阀，通过主风机和末端变风量模块的变速调节来实现新风按需供给。这种系统节省了风阀阻力能耗，风机的能耗也随着转速降低而以转速三次方的速度减少，整个系统的运行能耗远低于传统方案。而且末端可以根据实际需求进行风量调节，满足病房的需求。

7.5.2 项目概况

烟台莱山新院位于山东省烟台市，拟建设成为三级甲等综合性医院。项目总建筑面积231741m²，包括地上建筑面积155460m²，地下建筑面积76281m²，建筑总高度为79.35m²。裙房共3层，病房从四层开始，共3座塔楼，其中2栋为15层，1栋17层，共2500张床位。

7.5.3 空调方式简介

病房均采用风机盘管加新风系统，夏季室外新风经初、中效过滤、降温除湿处理至室内露点状态直接送入室内，冬季室外新风经初、中效过滤、加热处理至室内状态点直接送到房间。每栋病房楼的屋面均设置显热排风热回收机组对室外新风进行预冷/预热处理，通过竖井引致各层新风机房。病房室内送排风系统采用动力分布式通风系统。以其中一栋病房楼为例，图7-43为该病房楼空调通风系统图，图7-44为病房空调通风示意图。

由图7-44可知，每个病房设置新风口，新风支管上安装支路风机；每个病房的卫生间设置排风，排风管上设置支路风机。各层卫生间的排风以及内区的排风在屋顶上汇总，通过显热排风热回收机组对室外新风进行预冷/预热处理。

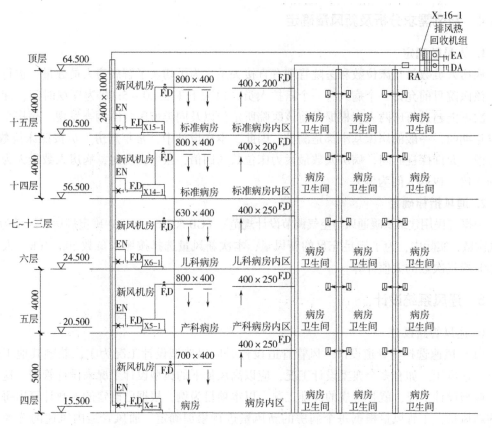

图 7-43　空调通风系统图

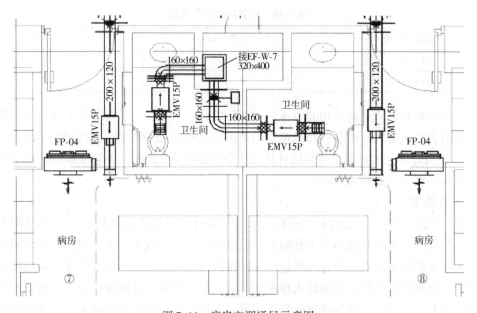

图 7-44　病房空调通风示意图

7.5.4 新风需求分析及新风量确定

1. 人员数确定

病房人员数量与床位数和医院管理有直接关系。为了切实了解病房人员数量，进行了调研。该医院目前允许一个病人有一个陪护人员，每天下午 2：00～5：00 为探视时间，探视人员一次不能超过每床两人。根据目前该医院所定位以及同类型医院的调查发现，病房全年除了过年期间，一般的病床基本都是满员。因此，本次设计中，常年病房人员按照床位数的 2 倍考虑。允许探视时间，病房人数最大为床位数的四倍，医生查房时，病房人数最大为床位数的 3 倍（以四人间为例）。

2. 通风指标确定

根据《民用建筑供暖通风与空气调节设计规范》（GB 50736—2012）确定病房通风量为 2 次换气次数，实际中，为了满足充足的新风量，本次新风量选择按照人员数 50m³/（h·人）和 2 次/h 换气次数的大值计算。

7.5.5 通风系统设计

1. 通风管路设计

（1）风速选择与管道设计 风管管道设计时应以典型设计工况为主，兼顾其他工况下管道风速风压。如有多个典型设计工况，应以高风量下的典型设计工况来设计管网。这里所说的典型设计工况，就是常规的标准工况。以本项目为例，根据已确定的人数计算出每个病房的新风量，干管风量根据每个病房的新风量进行累加确定。通风管道内风速的选择参见《民用建筑供暖通风与空气调节设计规范》（GB 50736—2012）。具体数值见表 7-10。

表 7-10 风管内的空气流速

室内允许噪声级/dB（A）	主管风速/（m/s）	支管风速/（m/s）
25～35	3～4	<2
35～50	4～7	2～3

病房的噪声要求：昼间≤40dB（A），夜间≤35dB（A），为了适应由于风量的变化而导致的风管阻力变化过大，干管管路风速宜取下限值 5m/s，支路管路风速宜取上限值 3m/s。

（2）阻力计算 通过静压复得法计算主干管的阻力为 320Pa。控制流速法计算了病房标准层最不利环路中支路则为 80Pa。

2. 设备选型

（1）主风机选型 "动力分布式新风系统"设计的关键点是风机动力与管网阻力的匹配问题，因要求主风机余压承担干管阻力，而通常干管阻力较小，风量大；末端变风量模块需承担末端支路阻力，其在距主风机近端可能是阻力构件，在主风机远端才是动力源；为了合理设计管网和匹配风机，实现最大程度的节能，对主风机的性能提出如下要求：主风机能够无极调速，可通过交流逆变成直流技术实现；主风机出口余压不应过大，但是风量的变化范围宽；主风机在部分负荷条件下的运行高效率区较宽。选择主风机时，考虑动态通风需求，应选可调速风机，并最终按下列因素确定：

1) 主风机的风量按照标准工况下计算的风量选择。经过计算，本层新风系统标准工况下风量为 8253m³/h。最大风量按照探视时间人数确定，考虑到病房不是同时有那么多探视人数，最大风量按照标准工况风量的 1.3 倍考虑。考虑 5% ~ 10% 的风管漏风量，标准工况下新风机组的风量为 9078m³/h，并且保证主机能够实现变频，最大风量为 11931m³/h。

2) 主风机的压力以最大通风量计算下的干管阻力损失作为额定风压，具体到本工程实例，压力为 320Pa。

3) 主风机的选用典型设计工况效率，不应低于风机最高效率的 90%。

（2）支路风机选型　支路风机是"动力分布式新风系统"中最重要的组成部分，风机的选配需满足支路风机承担的功能需求。支路风机选配步骤如下：

1) 按照陪护 + 病人 + 探视人员确定房间的最大新风量，考虑 80% 的系数。房间的最大新风量为 3.2 倍的床位数。

2) 支路风机的压力按照上述分析，选择 80Pa。

3) 支路风机的压力应以系统计算的支路压力损失作为额定风压，但风机电动机的功率应在计算值上再附加 15% ~ 20%。

（3）阀门设置　在主风机与支路风机选型完成后，主风机压头仍然比部分环路阻力损失大很多，则需设置阀门。

（4）热回收新风机组的选择　病房的排风经过竖井汇合至屋面，接入设置在屋面上的热回收新风机组，通过乙二醇作为介质进行显热交换，预冷（热）的新风通过竖井接至各层新风机组，最大限度地实现了节能，并且避免了交叉污染。

3. 动力分布式系统的控制

（1）末端控制　在实际运行中，当病房内由于探视或者医生查房人员增加时，通过空气品质传感器将浓度信号反馈至变风量模块和主风机，通过信息处理，作用于动力源，实现风量调节，新风和排风同时增加。当人员减少时，新风量和排风量联锁同时减少。兼顾客观控制与主观控制的需要，配备空气品质传感器，再配以控制面板，使得既可以自动根据空气质量调节支路风机转速，也可以根据人员主观感受自主调节。为了避免人员调节所造成的支路风机始终处于高速运行状态，在控制面板写入程序，限定人员调节作用的有效时间。

（2）系统控制　系统中最难控制的是两个风机串联造成的压力变化。一个支路风机的风量变化，整个系统的风压和风量均变化，如何保证支路风机变化对整个系统的风量和压力变化最小，是个很复杂的问题。本次设计引进变风量空调系统中总风量控制法与定静压控制法的理念，根据实际需要对其控制方式与细节进行改进。采用干管静压设定法，选定主干管需要稳定的静压值，利用压差传感器监测干管静压，通过改变主风机运行转速来控制主干管静压，使其稳定在设定静压值。根据不同的工况设定不同的静压值，从而实现对系统的控制，使整个系统在稳定可靠中节能运行。本工程中设置静压为 320Pa。

7.5.6　结论

病房由于其特殊功能，需要保证充足的新风量，动力式分布系统克服了传统新风系统的缺点，通过主风机和末端变风量模块的变速调节来实现新风按需供给，可以有效地控制新风量随着人员及室内空气品质的需求发生变化。本节形成了该项目病房的动力分布式通风系统设计过程简介，通过采用干管静压设定法对系统控制，供设计人员参考。

7.6 平疫结合型负压（隔离）病房的动力分布式通风系统设计

2020 年 1 月新冠肺炎爆发，全国进入紧急备战状态，各省市快速反应，新建、改建以及临时建设收治新冠肺炎患者的负压隔离病房。国家发展和改革委员会、卫生健康委员会和中医药管理局于 2020 年 5 月 9 日联合发布的《关于印发公共卫生防控救治能力建设方案的通知》（发改社会〔2020〕0735 号）文件，将"平战结合"作为公共卫生防控救治能力建设的五项基本原则之一，既满足"战时"快速反应、集中救治和物质保障需要，又充分考虑"平时"职责任务和运行成本。

平疫结合是未来医院建筑的发展需求，医院建设需要兼顾平疫两种使用功能。基于建筑平疫结合使用特性的定位，建筑通风同样需要满足平疫结合的使用要求，实现平疫两种状态下的快速转换和调节。平时和疫情时两种不同使用状态对通风系统的需求差异很大，本案例重点介绍动力分布式通风系统在平疫结合型负压（隔离）病房的应用。

7.6.1 医院病区的平疫功能转换

平疫结合型负压（隔离）病房平时按照医院的定位和职责任务运行，疫情爆发时，能够快速按照疫情期的使用需求安全运行。可将平疫结合型病房分为两类：一类为综合医院普通病房与呼吸道负压病房转化结合型；另一类为非呼吸道负压病区与呼吸道负压病区转化结合型。两类平疫结合型负压（隔离）病房因收治病人不同，其功能也有差异，医院病区平疫不同状态下的使用功能特点见表 7-11。

表 7-11　平疫结合型负压（隔离）病房平时和疫情时使用功能特点

类型	平时功能	疫情时功能	备注
非呼吸道负压病区与呼吸道负压病区转化结合型	收治非呼吸类＋呼吸类传染性疾病病人	全部转为收治呼吸类传染性疾病病人	重点在非呼吸类传染病病区向呼吸类传染病负压病区的转换
综合普通病房与呼吸道负压病房转化结合型	收治非传染类疾病病人	部分病区转为收治呼吸类传染性疾病病人	重点是标准病区向呼吸类传染病病区的转换

要实现这种功能的转换，首先医院病区的建筑平面要能够满足病区诊疗的工艺流程。

非呼吸道负压病区与呼吸道负压病区在平疫状态下，均收治传染病人，建筑平面都采取三区两道的形式，严格划分了清洁区、半污染区、污染区三区和医护走道和患者走道的两道，平疫情况下的洁污分区和流线一致。

综合普通病房与呼吸道负压病房结合型病区的平面结构的一种典型形式是通过病房阳台的可变换设计，平时的建筑功能平面如图 7-45 所示。发生疫情时，拆除病房阳台隔墙与楼层平面的左右侧病房各一间，在原建筑平面病人走道两端新增隔墙，形成病患通道、污物通道以及医护人员从污染区退出半污染区的缓冲空间。并且封堵原建筑平面医护人员走道与病人走道的两道连通门，以及部分房间的连通门，新增清洁区与半污染区的缓冲空间，迅速转换成呼吸道传染病病区的三区两道形式，形成清洁区、半污染区、污染区在物理空间上的隔绝，增加清洁区 – 半污染区的缓冲空间、半污染区 – 污染区的缓冲空间等，满足医疗工艺需求，如图 7-46 所示。

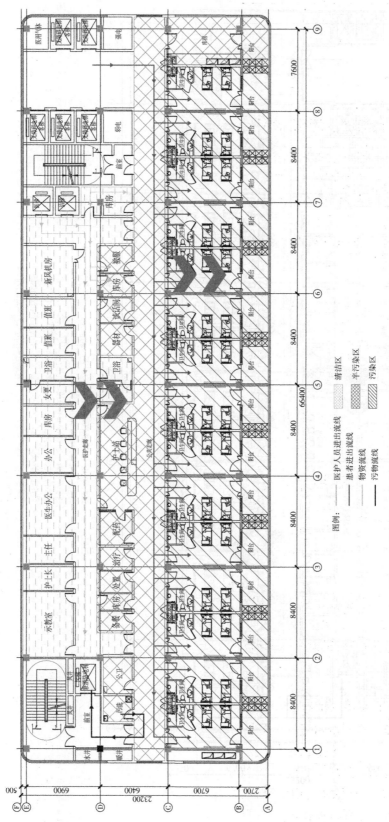

图7-45 综合普通病房与呼吸道负压病房结合型病区平时建筑分区及流线图

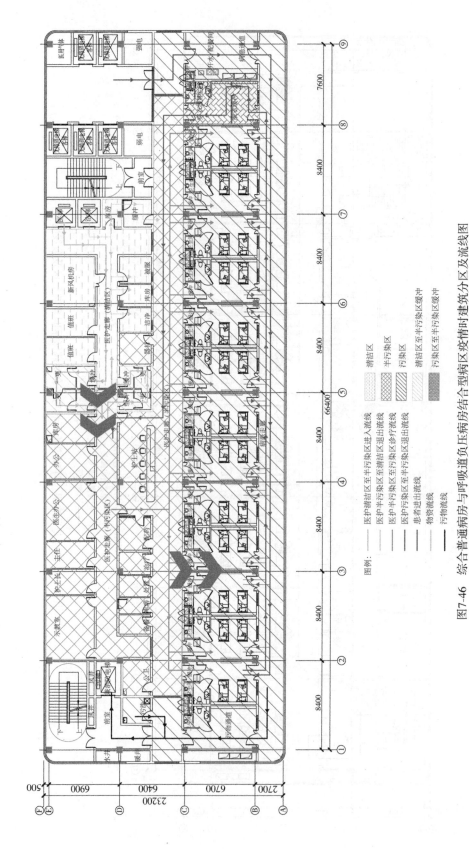

图7-46 综合普通病房与呼吸道负压病区结合型病区疫情时建筑分区及流线图

图例：
—— 医护清洁区至半污染区进入流线
—— 医护半污染区至清洁区退出流线
—— 医护半污染区至污染区诊疗流线
—— 医护污染区至半污染区退出流线
—— 患者进出流线
—— 物资流线
—— 污物流线

清洁区
半污染区
污染区
清洁区至半污染区缓冲
污染区至半污染区缓冲

7.6.2　综合医院普通病房与呼吸道负压病房结合型病区通风系统设计

采用动力分布式通风技术，用一套动力分布式变风量通风系统通过运行工况切换或简单改造实现平疫状态下的不同通风需求。保障疫情时的安全要求，满足平时运行节能需求；并尽可能降低平疫转换的人为技术要求，减少转换时间，如图7-47所示。

清洁区、半污染区、污染区的送排风系统按各通风分区独立设置。各通风分区互相封闭、控制气流流向，避免空气途径交叉感染，各空间的通风系统均按照"疫时"通风需求进行设计。

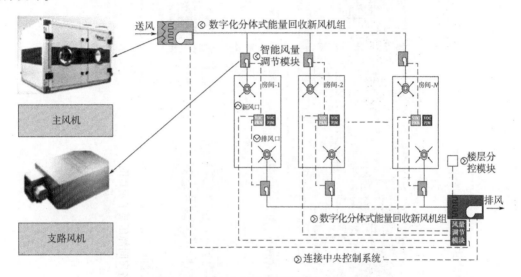

图7-47　动力分布式变风量通风系统形式

1. 房间静压要求

为保证污染物不会从污染区经过半污染物扩散至清洁区，造成医院的交叉感染。医院病区各房间梯级压差要求：清洁区（+）→半污染区（-）→污染区（--）；半污染区医护走廊（-5Pa）→病房缓冲间（-10Pa）→病房（-15Pa）→病房卫生间（小于-15Pa），如图7-48所示。

2. 清洁区通风系统

新风系统依据疫情时总新风量选择清洁区新风机组，疫情时最小新风量按3次/h设计，清洁区每个房间送风量应大于排风量150m³/h；机组吊装于医护走廊端头；新风平层外墙取风，经粗、中、高效三级过滤送入室内。平时新风机组按2次/h运行。

清洁区排风经排风竖井排至屋面，由屋面排风机组集中过滤，高处排放；清洁区进入半污染区、半污染区退出清洁区的排风经独立排风竖井排至屋面，由屋面排风机组集中过滤，高处排放，排风机组疫情状态下安装中、高效过滤器，平时状态下拆除中、高效过滤器，仅预留其安装空间，排风机组疫情时一用一备，如图7-49~图7-51所示。

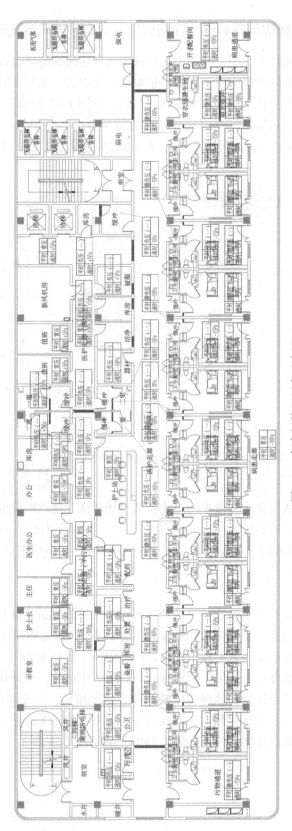

图7-48 各房间静压要求示意图

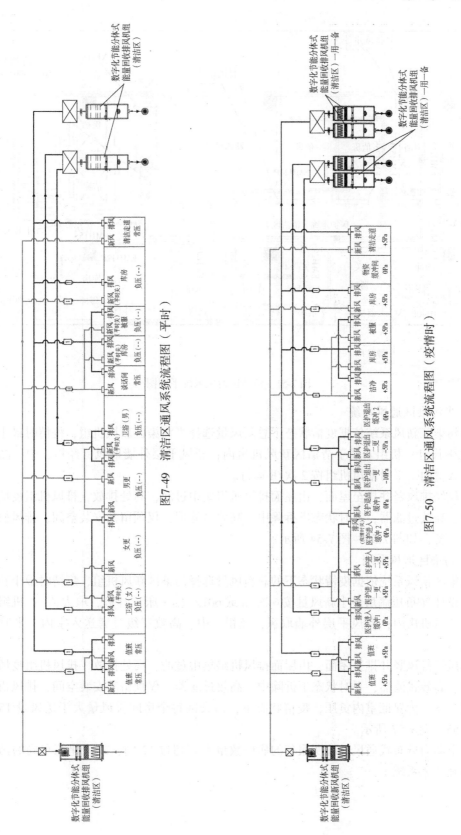

图7-49 清洁区通风系统流程图（平时）

图7-50 清洁区通风系统流程图（疫情时）

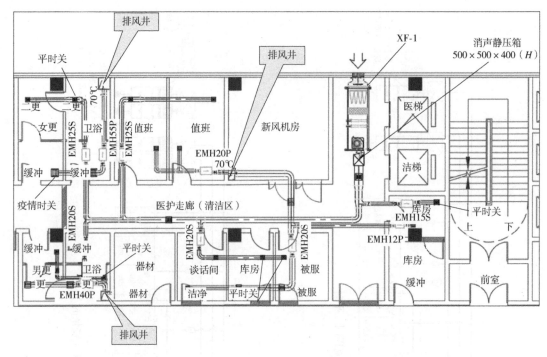

图 7-51 清洁区通风系统平面图

3. 半污染区通风系统

半污染区新风系统依据疫情状态下总新风量选择半污染区新风机组，疫情时最小新风量按 6 次/h 设计；机组安装于清洁区新风机房内；新风平层外墙取风，经粗、中、高效三级过滤送入室内。平时新风机组按 2 次/h 运行。

排风经排风竖井排至屋面，由屋面排风机组集中过滤，高处排放，排风机组疫情状态下安装中、高效过滤器，平时状态下拆除中、高效过滤器，仅预留其安装空间，排风机组疫情时一用一备，如图 7-52 ~ 图 7-54 所示。

4. 污染区通风系统

污染区新风系统依据疫情状态下的总新风量选择污染区新风机组，疫情时最小新风量按 6 次/h 设计（负压病房最小新风量按 6 次/h 或 60L/（s·床）计算，取大值）；机组安装于清洁区新风机房内；新风平层外墙取风，经粗、中、高效三级过滤送入室内。平时新风按 2 次/h 运行。

排风经排风竖井排至屋面，由屋面排风机组集中过滤，高处排放，排风机组疫情状态下安装中、高效过滤器，平时状态下拆除中、高效过滤器，仅预留其安装空间，排风机组疫情时一用一备。为保证室内负压，疫情状态下，污染区每个房间排风量大于送风量 150m³/h，如图 7-55 ~ 图 7-57 所示。

一个动力分布式通风系统所服务的病房数量不宜超过 12 间，故该建筑布局的污染区采用了两套新风系统。

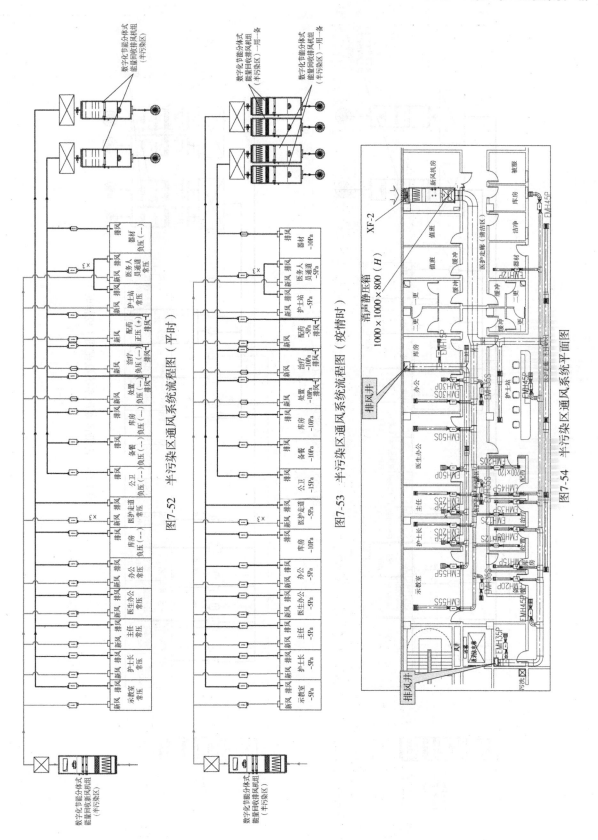

图7-52　半污染区通风系统流程图（平时）

图7-53　半污染区通风系统流程图（疫情时）

图7-54　半污染区通风系统平面图

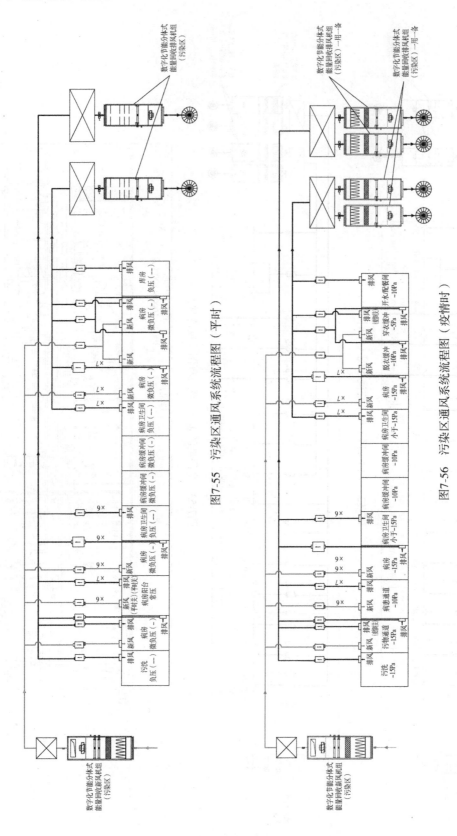

图7-55 污染区通风系统流程图（平时）

图7-56 污染区通风系统流程图（疫情时）

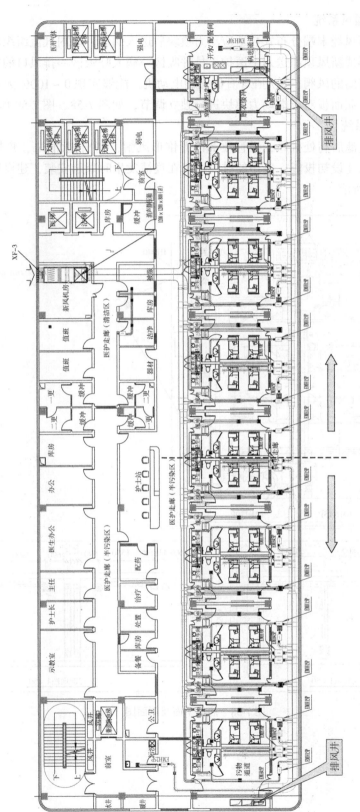

图7-57 污染区通风系统平面图

5. 病房单元通风系统

主风管内的新风经末端分布式自适应动力模块后送入病房，室内气流组织形式为上送下侧排，在病房内形成新风顶部送入→医护人员呼吸区→病人呼吸区→排风口的定向气流，末端模块自带联动启闭的风阀，采用 EC 直流无刷电动机，能够实现 0 ~ 100% 无级调速，各房间可以通过室内控制面板对末端动力模块进行独立调节，如图 7-58、图 7-59 所示。

6. 屋面通风系统

排风经高效过滤后高处排风，风管顶部设置锥形风帽，高出屋面 3m，疫情时排风机组为一用一备，考虑建设初投资，备用的排风机组在疫情发生时采购安装，建设期仅预留安装基础，如图 7-60 所示。

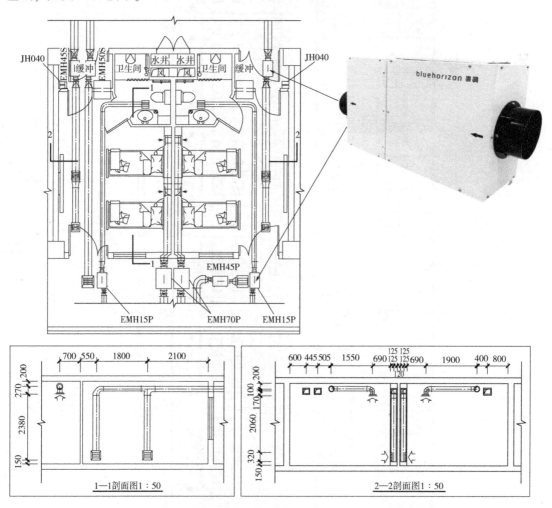

图 7-58　病房平面及剖面图

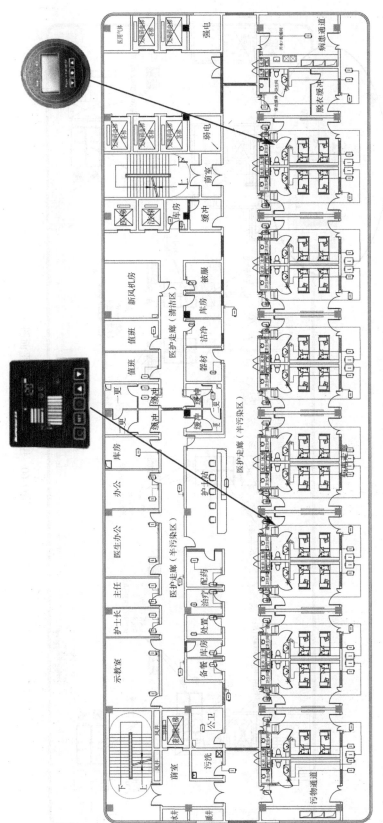

图7-59 病房控制面板示意图

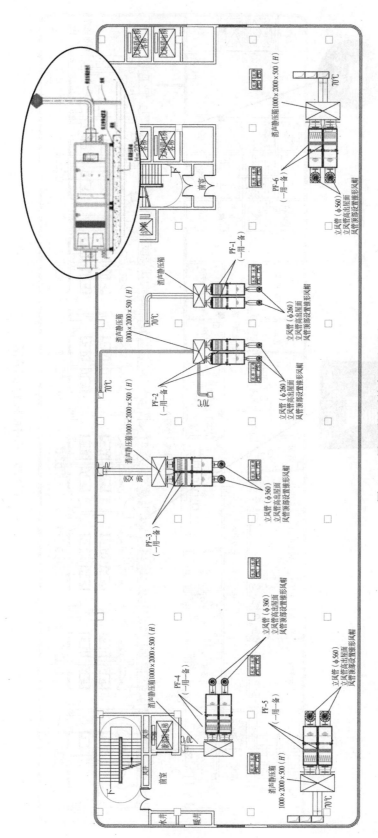

图7-60 屋面通风系统布置平面图

7. 分体式能量回收系统

考虑节能措施，采用分体式的送排风热回收技术，回收排风中废弃的能量，送排风不发生接触，保证零风险，如图 7-61 所示。

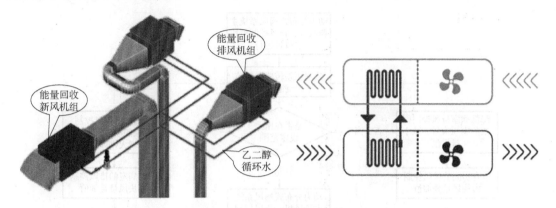

图 7-61　分体式能量回收系统示意图

8. 通风控制系统

通风控制系统应兼顾平疫两种工况下的不同控制需求。根据需求情况通过控制逻辑实现平时运行状态和疫情运行状态的一键切换或快速转换。

病房设置空气品质传感器，平时运行状态下，根据空气品质传感器对室内空气质量监测情况实现支路风机手动或自动调节，进而联动主新风机和排风机的变风量运行，控制逻辑如图 7-62 所示。

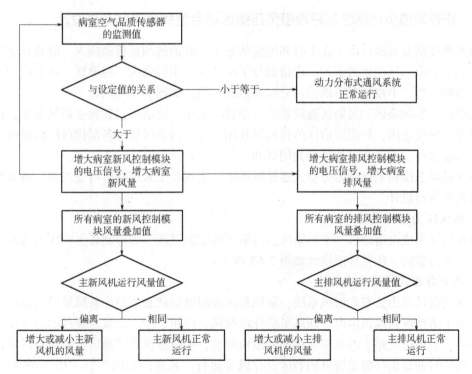

图 7-62　平时状态下作为普通病房使用时通风系统控制逻辑

病房设置压差传感器或预留压差传感器的安装位置，疫情状态下，控制系统快速切换，根据压差传感器对病房与缓冲间之间或病房与医护走廊之间的压差监测情况联动控制支路排风机的自动调节运行，进而联动主排风机的变风量运行，控制逻辑如图 7-63 所示。

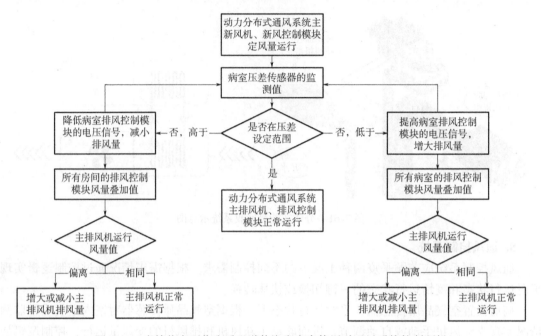

图 7-63　疫情状态下作为呼吸道传染病病房使用时通风系统控制逻辑

7.6.3　非呼吸道负压病区与呼吸道负压病区结合型病区通风系统设计

该类平疫结合型病区由于在平时和疫情状态下，收治的均是传染病人，故其在建筑平面布局上，都采取三区两道的形式，严格划分了清洁区、半污染区、污染区三区和医护走道及患者走道的两道，平疫情况下的洁污分区和流线一致，如图 7-64 所示。

洁净区、半污染区、污染区通风系统采用独立系统。清洁区设置独立新风系统，排风可通过竖井至屋面排风，每层清洁区的排风可共用竖井；污染区病房各层排风经高效过滤处理后独立排放室外，不宜与其他楼层共用竖井。

各区通风系统均采用动力分布式送排风系统，实现各个末端随时可变可调，各系统均按照疫情需要进行设计。

1. 病区压力梯度设计

为在病区形成由清洁区→半污染区→污染区的定向气流，需控制各室的压力为清洁区 > 半污染区 > 污染区。压差梯度设计如图 7-65 所示。

2. 动力分布式通风系统设计

各区均设计动力分布式通风系统，新风系统按照疫情状态下最小新风量进行设计，新风主机安于清洁区新风机房内，新风平层外墙取风，经粗、中、高效三级过滤送入室内。末端房间的风量通过支路上的末端风量调节模块调节，平时根据非呼吸道传染病病区设计风量运行，疫情时期根据呼吸道传染病病区设计风量运行。系统图如图 7-66 ~ 图 7-68 所示。平面图如图 7-69、图 7-70 所示。

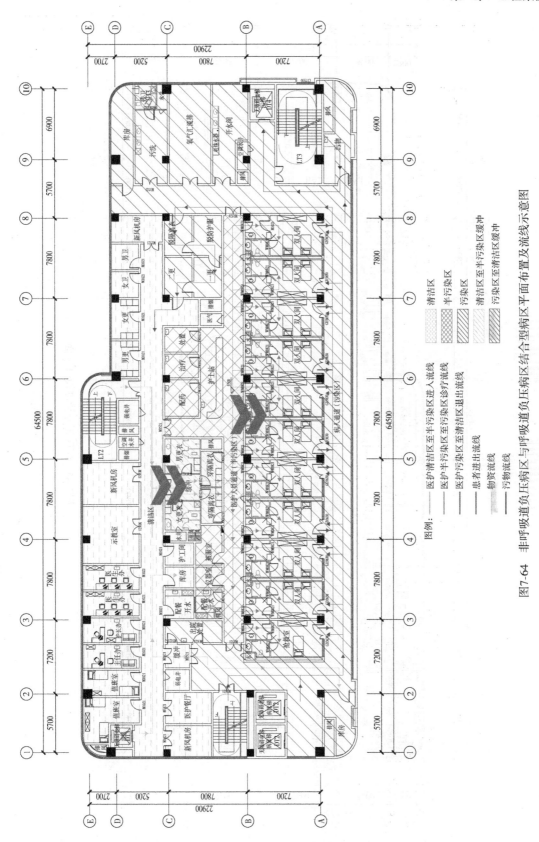

图7-64 非呼吸道负压病区与呼吸道负压病区结合型病区平面布置及流线示意图

图例：
—— 医护清洁区至半污染区进入流线
—— 医护半污染区至污染区诊疗流线
—— 医护污染区至清洁区退出流线
—— 患者进出流线
—— 物资流线
—— 污物流线

清洁区
半污染区
污染区
清洁区至半污染区缓冲
污染区至清洁区缓冲

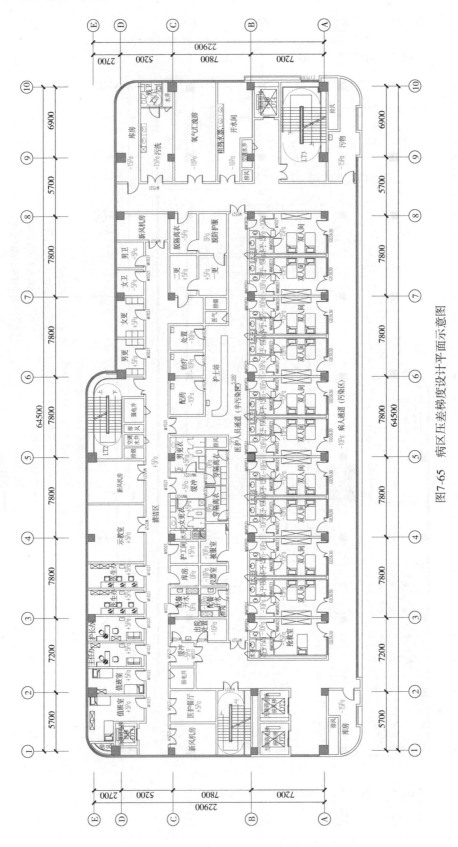

图7-65 病区压差梯度设计平面示意图

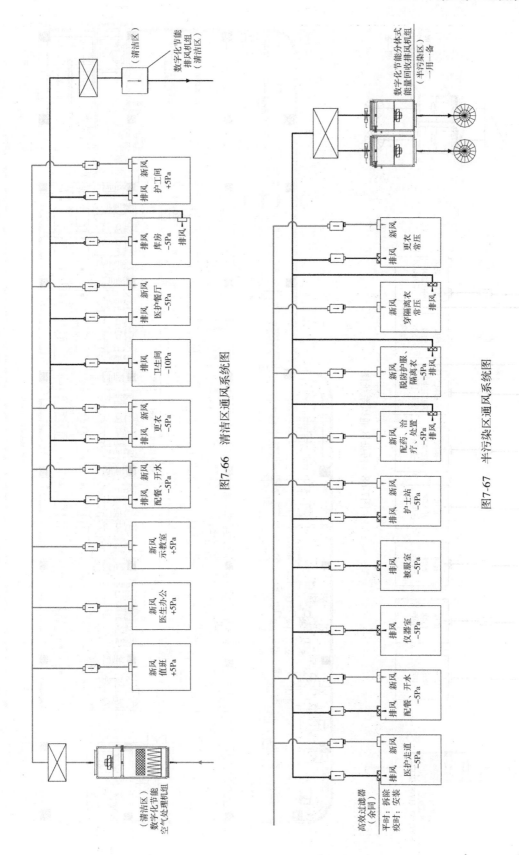

图7-66 清洁区通风系统图

图7-67 半污染区通风系统图

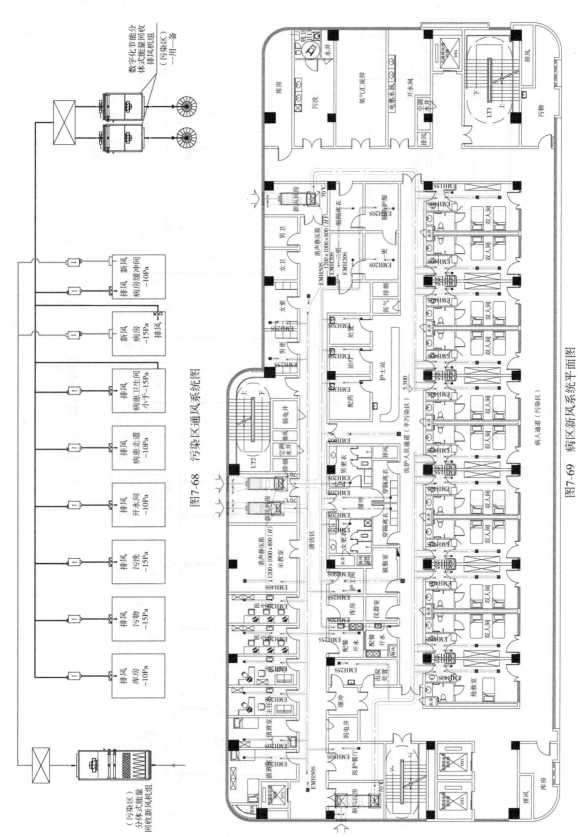

图7-68 污染区通风系统图

图7-69 病区新风系统平面图

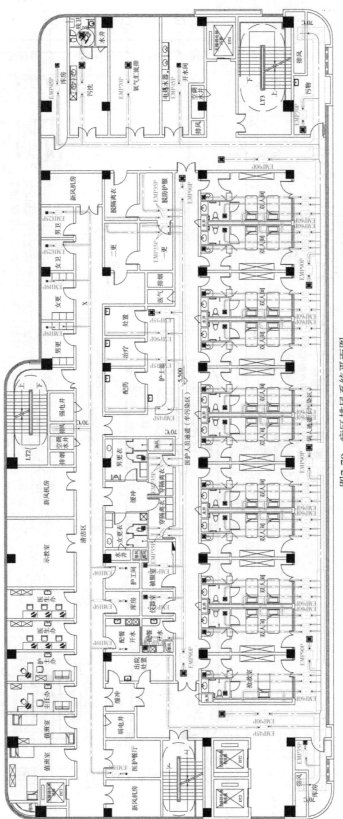

图7-70 病区排风系统平面图

半污染区、污染区室内采用上送下排气流组织形式。

排风经高效过滤后高处排风，风管顶部顶部设置锥形风帽，高出屋面3m，如图7-71所示。

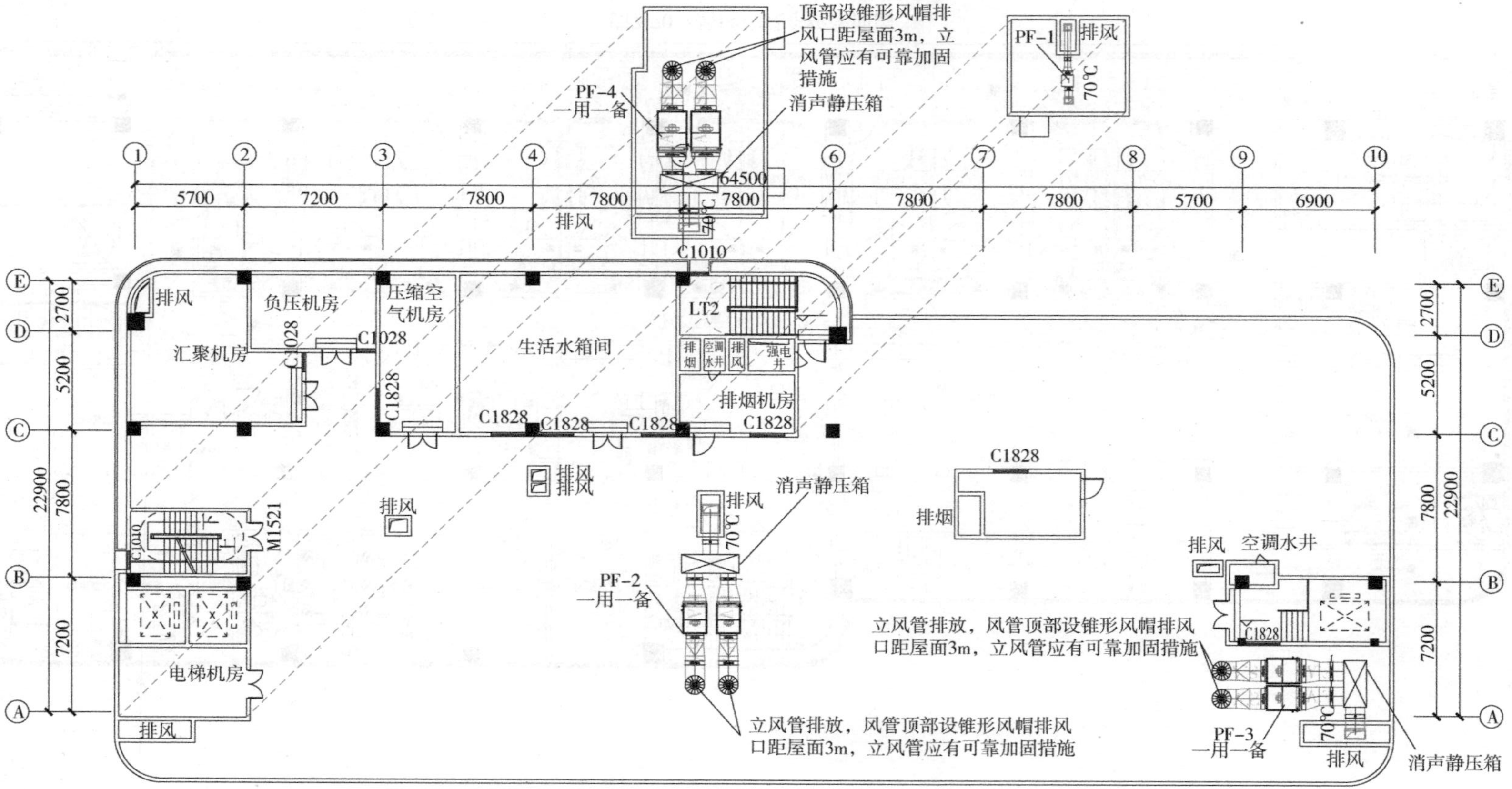

图7-71 屋面排风系统平面图

3. 能量回收系统设计

考虑节能措施，采用一对一的分体式送排风热回收技术，回收排风中废弃的能量，送排风不发生接触，保证零风险。平面图如图7-72所示。

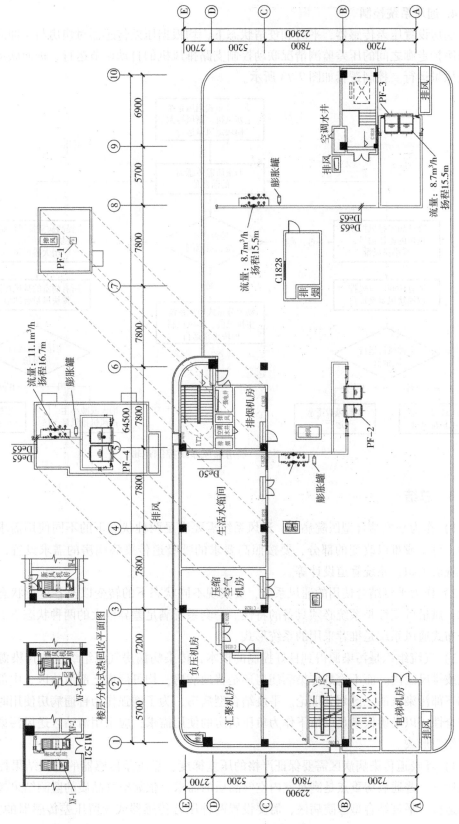

图7-72　分体式热回收系统平面图

4. 通风系统控制

病房设置压差传感器，平时和疫情状态下，均根据压差传感器对病房与缓冲间之间或病房与医护走廊之间的压差监测情况联动控制支路排风机的自动调节运行，进而联动主排风机的变风量运行。控制逻辑如图 7-73 所示。

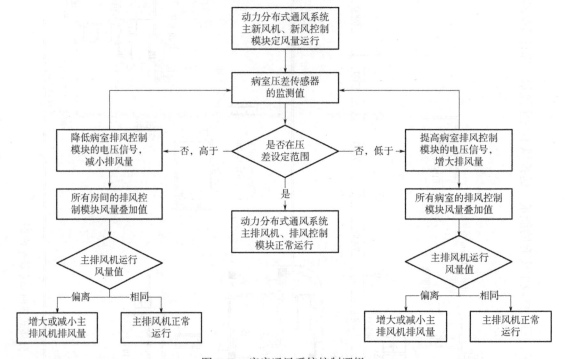

图 7-73　病房通风系统控制逻辑

7.6.4　总结

1）作为平疫结合型医院病区，通风系统需要满足两种状态下的不同使用需求，对于系统中不可变或难以改变的部分，要按照高要求的呼吸道传染病病房的需求设置，如系统划分、气流组织、系统管道设计等。

2）作为平疫结合使用的通风系统，要实现不同状态下的转变以及各运行状态下的动态需求，风量可变性是系统必须具备的特性。一套系统满足差异巨大的两种状态下的需求，动力分布式通风系统是推荐采用的系统形式。

3）气流组织是污染源得到良好控制的根本，传染病病房气流组织应使传染源处于排风气流或排风区内。而不论是传染病病房还是普通病房，均可形成上部清洁区、中部医护呼吸区和下部污染区的三区划分理论。平疫结合型病房，为了增强作为普通病房使用时室内空气的安全性，以及确保满足疫情下作为负压病房的使用需求，应采用清洁区送风污染区排风的气流组织形式。

4）呼吸道传染病病区需要保证严格的压差梯度，靠压差传感器的监测结果控制通风系统的运行，普通病房重点是满足室内空气品质的需求，依靠空气品质的监测结果控制通风系统的运行。平疫结合型医院病区，需要设置两种压差传感器或预留压差传感器的安装位置，通风系统需要设置两套控制逻辑，实现功能改变时一键切换。

7.7　智能生物隔离舱无管道贯通型动力分布式通风系统设计

7.7.1　背景

进入新世纪以来，全球性新发、突发传染性疾病（SARS、埃博拉病毒、寨卡病毒、流感病毒、新型冠状病毒等）重大公共卫生事件不断出现及暴发。以新冠病毒为例，自 2020 年 1 月暴发以来，截止北京时间 2021 年 1 月 20 日，全球确诊病例达 9627 万例，死亡病例达 205 万例，对各国公共卫生事件监测预警处置机制及应对能力提出了极大挑战。国内外有效抗疫的先进经验表明，只要设置科学合理的救治流程，按照流程建设完备可靠的负压隔离病房或方舱，完善医护等各类工作人员的院感培训，保证全员全流程各类规章制度的严格落实，就能够满足严防传染病毒扩散外泄，保障医护人员安全和患者有效救治的需求。

然而，目前我国乃至全球，负压病房、生物安全实验室等资源有限，应对突发疫情，临时新建或在既有建筑中改建传染病房、生物安全实验室等存在难度大、造价高、资源浪费严重，且紧急状态下的被动应对难免存在各种各样不完善的问题。因此，开发并研制具备病毒快检、隔离观察、快速转运、检查、治疗等各类需求；满足传染病医院、生物安全实验室等相关建设标准规范要求；具备传染病病房单元、生物安全实验室等房间功能要求；可快速响应的可移动式传染病应急防护装备对于突发性重大公共卫生事件的"防""检"与"治"具有重大战略意义。

7.7.2　智能生物隔离方舱简介

在突发疫情下，现有的隔离运输装备存在无法实现严格防护、隔离室外环境，存在污染风险、运输人员有限等问题。智能生物隔离方舱具有快速进行安全隔离、转移与运送、治疗疑似或确诊传染病员功能，可切断病原体传播途径，保证病员运送途中环境不被污染，尽可能防止疫情进一步扩散，同时极大程度上降低健康公众的感染几率，达到迅速控制疫情传播以及对患者进行病情诊治的目的。外观图如图 7-74 所示。

智能生物隔离方舱主要分为隔离区、半污染区和洁净区，具有人员隔离、生物安全防护、整体快速除污、基本医疗和生命支持救治等功能，自带通风、消毒、信息传输系统，并可通过不同功能模块配置，满足呼吸系统传染病、消化系统传染病等不同类型重大疫情防控需求，产品满足航空运输系统快速转运要求，兼顾铁路、公路和水路转运与多式联运。

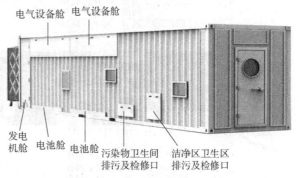

图 7-74　智能生物隔离方舱外观图

7.7.3 智能生物隔离舱通风系统设计

负压隔离病房（或可移动式传染病应急防护装备）要实现负压隔离、排风不污染室外环境等功能，舱内空气环境的营造是关键。与常规建筑相比，可移动式传染病应急防护装备这类"建筑"的空间极其有限，故其设备机房及管道空间等均受限，又受此类装备应用场景多变（使用地点不同，室外大气压力、空气温度/相对湿度等空气参数、空气品质不同），舱体本身密闭性不能保障（舱体的材料及制作厂家生产水平不同）等因素影响，因此通风空调系统如何能在上述因素的制约及影响下正常保障箱内压差和热湿环境的调控，是该类产品室内空气环境系统营造技术的重点与难点。

实践及研究分析均表明，不论是长期连续运行的工艺性空调还是间歇运行的舒适性空调系统，都存在着管道内部沉积灰尘的现象，而内部管道和设施的积灰在适宜的温度、湿度等环境条件下往往成为细菌、真菌等病原微生物的滋生和传播扩散污染物的媒介，加重室内空气的生物气溶胶污染；长期运行的通风管道不同部位沉积的大量灰尘也会增加系统阻力、减少送风量，降低通风空调系统的整体性能。

基于此，为更好地保障在不同工况场景（飞机、铁路、船运、公路等）及极端室外空气环境下舱内空气环境的要求，本项目采用无管道贯通型动力分布式通风系统。

1. 无管道贯通型动力分布式通风系统

无管道贯通型动力分布式通风系统主要由新风主机、动力分布式房间支路风机模块、排风机组、系统控制模块等组成。其应用于智能生物隔离方舱主要实施形式为：室外空气通过新风机组进行净化过滤和热湿处理后引入清洁区，动力分布式房间支路风机模块将清洁空间空气接力输送至过渡区（更衣、沐浴），再由动力分布式支路风机模块将空气输送至污染区，最后经排风机组高效过滤、消杀等处理后无污染地排放至室外。这样实现了清洁区、过渡区和污染区的压差梯度，保证了气流的稳定流向，同时实现了空气温度品质的梯级利用，解决了各空间的温度保障问题。该系统通风系统设计应重点从新风源、空气输配过程、空气排除、系统控制策略等主要过程考虑。方舱通风系统平面图如图 7-75 所示，无管道贯通型通风系统如图 7-76 所示。

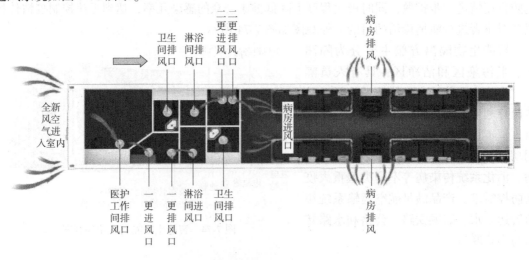

图 7-75　智能生物隔离方舱通风系统平面图

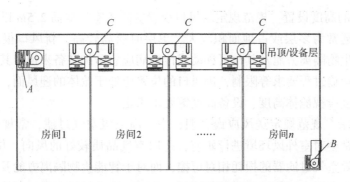

图 7-76 智能生物隔离方舱无管道贯通型通风系统
A—新风机组　B—排风机组　C—动力分布式房间支路风机模块

2. 新风源的设计

针对负压病房、负压隔离病房，相关规范及标准对新风源进行了规定，见表 7-12。

表 7-12　规范标准对于新风源的相关规定

序号	标准名称	标准内容
1	《传染病医院建筑设计规范》（GB 50849—2014）	负压隔离病房宜采用全新风直流式空调系统，最小换气次数应为 12 次/h，送风应经过粗效、中效、亚高效过滤器三级处理，排风应经过高效过滤器过滤处理后排放
2	《生物安全实验室建筑技术规范》（GB 50346—2011）	三级和四级生物安全实验室应采用全新风系统。空气净化系统至少应设置粗、中、高三级空气过滤，送风系统新风口应采取有效的防御措施。新风口处应安装防鼠、防昆虫、阻挡绒毛等的保护网，且易于拆装，新风口应高于室外地面 2.5m 以上，并应远离污染源
3	《医院负压隔离病房环境控制要求》（GB/T 35428—2017）	宜采用全新风直流空调系统，如采用部分回风的空调系统，应在回风段末端设置高效过滤器，系统可在需要时切换为全新风直流式空调运行

上述要求直接应用于智能生物隔离方舱及其他可移动式传染病应急防护装备，存在以下问题：

（1）全新风直流式空调系统的应用　常规建筑中常常采取全新风直流式空调系统的方式来减少室内空气的循环过程，保障室内空气安全，此类建筑通常在建造前就已经确定了设备的使用地点、室外计算参数等，且通常有独立的设备间，供电、供水等配套设备较为健全，即使因室外条件恶劣导致设备容量较大，也可以通过各种方式达到负压隔离病房的要求。而对于智能生物隔离方舱及其他可移动式传染病应急防护装备来说，其使用地点不能确定，室外计算气象参数无法确定，围护结构性质、舱体密封性能等与常规建筑差异较大，若考虑最不利使用条件进行新风设备选型则将导致全新风直流设备容量过大而占用过多的舱体空间。一方面，应当恰当地选取设计及计算参数，防止因参数选取导致设备容量过大的问题，另一方面，空间允许的情况下可采用分体式热泵型排风热回收设备等热回收装置，回收排风的热量。此外，回风经高效过滤器与适当的消毒杀菌装置，室内空气品质较好，也可以选择使用带回风功能的直膨式全空气处理机组，该机组应具备在温度适宜的情况下切换为全新风运行的能力。

（2）新风口的高度设置 规范规定新风口设置应高于室外地面2.5m以上，并应远离污染源。常规建筑通常为多层或占地面积较大、单层时层高较高，新风口很容易实现高度要求，而对于智能生物隔离方舱及其他可移动式传染病应急防护装备来说，其高度受舱体本身结构尺寸、舱体运输过程要求等限制，进风口的位置应处于舱体的迎风面，并尽可能地远离地面，具体的高度应视舱体高度、设备高度等要求来定。

（3）洁净要求 规范规定送风应设置粗、中、高三级空气过滤，常规建筑在选址时及建筑设计时，通常会对室外风环境进行研究，选取空气品质较好的风向、位置设置进风口，因此粗、中、高效空气过滤器的损耗相对可控，而对于智能生物隔离方舱及其他可移动式传染病应急防护装备来说，可能遇到室外环境如：沙漠、沙尘暴等室外风环境恶劣的情况，对于过滤器的损耗较大，此时可以考虑关闭新风口，采用内循环的方式来保证室内空气品质（回风口高效过滤 + 消杀，机组内初、中、高三级过滤），此时需要考虑室内供氧及二氧化碳吸附问题。

3. 空气贯通输配过程

空气经新风主机无管道的输送至室内后，通过动力分布式房间支路风机模块均匀地将室内空气输送至各个房间，为更好地保障舱体内部空气环境的安全、品质要求，应对其压力梯度、通风量、气流组织等进行设计。

（1）压力梯度设计 《医院负压隔离病房环境控制要求》（GB/T 35428—2017）规定，不同污染等级区域压力梯度的设置应符合定向气流组织原则，保证从清洁区→潜在污染区→污染区方向流动，相邻相通不同污染等级房间的压差（负压）不小于5Pa，负压程度由高到低依次为病房卫生间、病房房间、缓冲间与潜在污染走廊。清洁区气压相对室外大气压应保持正压。

常规通风空调系统中，舱内始终处于压力平衡（或微正压）状态，对于存在污染空气的传染病隔离舱，则需要保持负压状态。排气量大于进气量是形成舱室内负压的先决条件，负压值的大小也和舱室的密封程度密切相关，并且负压值的选取也关系到空调系统的能耗。负压隔离方舱压力梯度是指医护工作洁净区、过渡区（更衣、沐浴）和病房污染区、卫生间等房间之间的空气具有有序的梯度压差，以保证气流从低污染区向高污染区的定向流动，确保正确的空气流通方向，有效防止室内污染物向外扩散。压力关系应设置为外界 > 清洁区 > 过渡区 > 污染区，压力设计值依次为 + 15Pa、0Pa、- 10Pa、- 20Pa、- 40Pa，如图7-77所示。

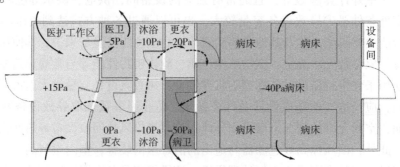

图7-77 智能生物隔离方舱压力梯度设计

（2）通风量计算 负压的形成是由于送排风系统中单位时间内排风机比送风机所抽取风量大而造成的，而送排风量的确定是负压系统运行稳定的重要因素，正确的空气压力关系才能确保在空气传播途径上切断传播链，避免相对清洁的区域受到污染，降低医护人员的感染概率。这种压力关系的维持依赖于区域之间的风量差平衡，因此，在呼吸道传染病区设计中，区域的风量平衡计算显得尤为重要。

《传染病医院建筑设计规范》（GB 50849—2014）规定，负压隔离病房宜采用全新风直流式空调系统，最小换气次数应为 12 次/h，并且要求负压病房排风量要大于送风量150m³/h。《医院负压隔离病房环境控制要求》（GB/T 35428—2017）规定，负压隔离病房污染区和潜在污染区的换气次数宜为 10~15 次/h，人均新风量不应小于40m³/h；负压隔离病房清洁区的换气次数宜为 6~10 次/h。需要注意的是，方舱内各空间具体的风量值需要根据方舱密闭程度按照压差及缝隙渗透公式进行详细风量平衡的计算。当采用全直流式新风空调时，按照换气次数计算得出的数据来选择设备时，可能会遇到风量与冷量不匹配的问题，此时需综合匹配校核总送风量与冷量的关系来选择风机型号、盘管排数与面积，或在洁净区/首个房间增设直膨式空调机组。

（3）气流组织设计 《传染病医院建筑设计规范》（GB 50849—2014）规定，呼吸道传染病区送风口应设置在房间上部，病房、诊室等污染区的排风口应设置在房间的下部，房间排风口底部距地面不应小于100mm，《医院负压隔离病房环境控制要求》（GB/T 35428—2017）规定，负压隔离病房送风口与排风口布置应符合定向气流组织原则，送风口应设置在房间上部，排风口应设置在病床床头附近，应利于污染空气就近尽快排出。《实验室生物安全通用要求》（GB 19489—2008）规定，生物安全三级实验室防护区房间内送风口和排风口的布置应符合定向气流的原则，利于减少房间内的涡流和气流死角。《生物安全实验室建筑技术规范》（GB 50346—2011）规定气流组织上送下排时，高效过滤器排风口下边缘离地面不宜低于 0.1m，且不宜高于 0.15m；上边沿高度不宜超过地面之上 0.6m。排风口速度不宜大于 1m/s。

因此，智能生物隔离方舱污染区的气流组织形式为上送下排，排风口靠近患者呼吸位置，有利于快速排除室内污浊空气，其余房间均采用顶部贴附式送风。

（4）关键设备——动力分布式房间支路风机模块 室内空气通过动力分布式房间支路风机模块输送至其余房间，动力分布式房间支路风机模块如图 7-78 所示，其主要由风机 1、箱体 2、吸风口 3、排风口 4、过滤器 5、消毒杀菌模块 6、手动/电动密闭阀 7 组成。箱体 2 由依次相连的吸风段 2a、中间段 2b 和排风段 2c 组成，分成三段式结构。风机 1 安装在中间段 2b 内，在吸风段 2a 前端开有吸风口 3、排风段 2c 的后端开有排风口 4。吸风口 3、排风口 4 分别用于接入相邻的不同房间，实现了相邻两个空间之间的风量输送。风机 1 带有压差控制程序模块/空气品质检测控制程序，可根据室内压差信号/空气品质信号来控制风机风量，保证室内压差/空气品质。吸入端 2a 与风机 1 之间连接有手动/电动密闭阀 7，用于切断管路，当关闭机组时，密闭阀门联动关闭。高效过滤器两端装有压差变送器 8，用于检测过滤器两端压差，当压差达到一定限值时，提醒清洗、更换过滤器。

该模块实现了相邻房间之间的风量输送，省去了通风管道的安装布置过程，避免了通风管道滋生细菌的问题，节约了安装成本以及后期维护成本，箱体内设置过滤、消毒杀菌模块，便于对通风系统进行整体的消杀，使通风更加安全放心。

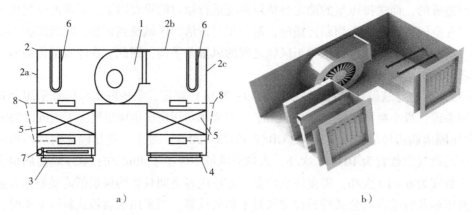

图7-78　动力分布式房间支路风机模块
a) 结构组成图　b) 效果图

4. 排风净化消毒

相关标准对负压病房、负压隔离病房、生物安全实验室的排风进行了要求，如：《综合医院建筑设计规范》（GB 51039—2014）和《传染病医院建筑设计规范》（GB 50849—2014）规定负压隔离病房回（排）风口应设无泄漏的负压高效过滤排风装置，送风口应设置在房间上部，病房、诊室等污染区的排风口应设置在房间下部，房间排风口底部距地面不应小于100mm。《医院负压隔离病房环境控制要求》（GB/T 35428—2017）规定可以在原位对排风高效过滤器进行检漏和消毒灭菌，确保过滤器安装无泄漏，更换过滤器应先消毒，由专业人员操作，并有适当的保护措施。《实验室生物安全通用要求》（GB 19489—2008）规定生物安全三级实验室空气只能通过HEPA过滤器过滤后经专用的排风管道排出。《生物安全实验室建筑技术规范》（GB 50346—2011）规定B1类实验室中可能产生污染物外泄的设备必须设置带高效过滤器的局部负压排风装置，负压排风装置应具有原位检漏功能，三级生物安全实验室防护区应设置备用排风机，备用排风机应能自动切换，切换工程中应能保持有序的压力梯度和定向流。

因此生物隔离方舱应采用带高效过滤器的排风机组，使得舱内空气经消毒排风模块消毒、杀菌处理后无污染地排至室外。但需要注意的是由于方舱应用场景多变，应充分考虑机组内部材料的适应性（温度、湿度等），还应该综合考虑设备尺寸的大小，尽可能少地占用舱体内部空间。

5. 控制系统

生物隔离舱内新风机组、动力分布式房间支路风机模块、排风机组联合运行，综合调控保障室内空气环境。为实现对各功能区的压差监测和调控，在功能区内设置压差变送器，压差变送器所监测到的数据，一方面可直接传输至方舱中央监测平台，另一方面，监测数据应传输至响应功能区的支路风机模块和排风模块，根据监测到的数值与设定数值的差值，来调节支路风机模块或者排风模块，从而保障相应功能区域的压差在设定值。新风机组、支路风机模块、排风机组开关机控制策略如图7-79所示，运行控制逻辑如图7-80所示。

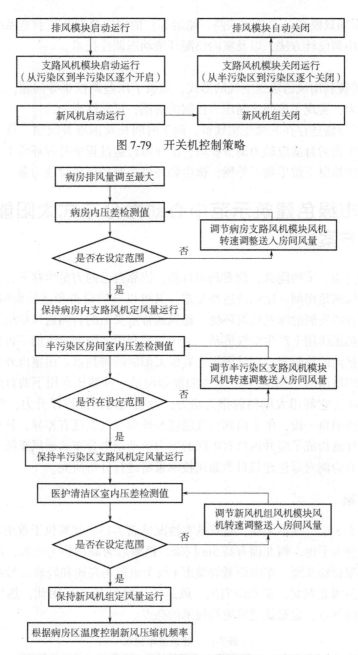

图 7-79 开关机控制策略

图 7-80 通风系统运行控制逻辑

7.7.4 总结

本节简要总结了智能生物隔离方舱无管道贯通型通风系统的设计方案，该系统的关键技术及特色为：

（1）关键技术

1）基于方舱空间压差梯度的通风设计方法，以及面向梯度压差保障的动力分布式无管道贯通型通风系统技术及动态调控策略。

2）多工况全场景模式（飞机，铁路，船运等）的室内热湿环境营造系统与通风系统的耦合作用规律与协调设计方法，以及室内热湿环境动态调控技术。

（2）特色

1）改变了传统利用风道输送空气的形式，克服了压差调控难等问题，每个独立空间可智能独立调控压力，实现了房间之间压力控制的解耦，可靠性高。

2）解决了风道输送存在的微生物残留、消杀时间长及困难等问题，每个独立空间设置带阻隔病毒等微生物的自适应动力调节模块，能保障转运过程中外界环境工况变化剧烈、系统电源故障等特殊情况下微生物不外泄，微生物环境控制的抗风险能力强。

7.8 重庆市绿色建筑示范中心动力分布式太阳能自然通风设计方案

建筑要恢复健康，节约能源，就要利用自然，依靠自己的力量生存下去。利用太阳能的自然通风，既可以满足房间一定的舒适性要求，又可以节约设备和运行费用以及维修费用，同时能够创造可持续发展的绿色建筑环境。建筑通常意义上的自然通风指的是通过有目的的开口，在风压和热压作用下产生空气流动。为了开发利用太阳能，人们不再把建筑物的围护结构看成是一个被动的热阻器，而试图把它看成太阳能的集热器。由室内外空气密度差引起的热压自然通风即所谓的"烟囱效应"。太阳能烟囱是一种热压作用下的自然通风设备，将两者有机结合起来。它利用太阳辐射作为动力，为空气流动提供浮升力，将热能转化为动能。在竖井或烟囱的每一段，由于内部空气温度与外部空气温度有差异，从而会形成密度差产生的动力，这样就构成了竖井内具有串联的重力驱动动力分布式通风系统。本节以重庆市绿色建筑示范中心为例对绿色建筑自然通风技术策略进行分析研究。

7.8.1 研究对象

示范中心地上3层，地下1层，建筑基本情况见表7-13。建筑位于重庆市渝北区，用地呈长条矩形，主要为平地。西北面有高5m挡墙，挡墙后为高层住宅小区，用地范围西北处有高3层的小区配套幼儿园，东南面紧邻城市I级干道机场高速和轻轨三号线。重庆市通风季节的主导风向为西北偏北，实测南向风，风速低，约为1m/s。因此，热压通风将是该建筑自然通风设计的重点，也是该建筑通风技术的亮点。

表7-13 建筑基本情况

楼层	面积/m²	层高/m	体积/m³
1层	1770	6.0	6372
2层	1550	4.5	4185
3层	1400	3.9	3276

注：$V = \xi S H$，ξ 为楼层的实际空间使用系数，这里取0.6。

7.8.2 通风网络图的建立

假定建筑室内各个可封闭空间内的空气热物状态相同，即参数相同。把由门、窗、墙、楼板等围护结构组成的封闭空间视为通风网络中的一个节点。所有建筑外部空间看做一个节点，即室外状态节点。两个空间之间如果有门、窗等气流可进行交换的通道，即认为这两个节点之间存在一条支路，将节点与支路连接形成空间网络图，如图 7-81 所示。

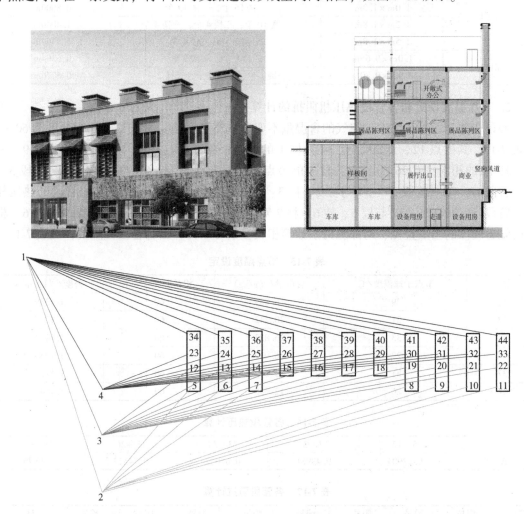

图 7-81 被动式太阳能通风技术效果、剖面图及网络图

注：1 代表室外空间；2、3、4 分别代表一层、二层和三层的室内空间节点；其他各点分别代表太阳能通风井内的通风节点；图中有效节点共有 33 个，有效管段共 61 个；从左至右太阳能通风管道分别命名为柱 1、柱 2、…、柱 11。

7.8.3 通风量计算

1. 相关参数的计算

通风井的参数，已知通风井的截面尺寸为 2.8m×0.9m，故其当量直径 $d = 1.362$m；通风井内壁面材料为抹平水泥，其粗糙度 k 取 1.0mm；可以求得 $\lambda = 0.01811$。局部阻力系数，百叶窗 $\xi = 3.0$，窗户 $\xi = 1.56$，通风帽 $\xi = 2.0$。对于百叶窗，由于其开度只有总面积的 0.6 ~ 0.8，故在计算百叶窗当量直径时计入 0.8 的开度系数，计算结果见表 7-14。

表 7-14　外窗类型及个数统计

方向	尺寸	位置及数量	当量直径
北向	0.9m×0.8m	一楼5个	0.6776m
	1.0m×1.0m	二楼16个，三楼13个	0.8000m
	1.2m×1.8m	一楼10个，二楼4个，三楼4个	1.4040m
	1.5m×1.8m	二楼2个，三楼4个	1.6364m
南向	1.0m×0.65m	二楼8个，三楼9个	0.6304m
	0.9m×0.80m	一楼7个，二楼3个，三楼2个	0.6776m

2. 节点温度设定和各管段热压机阻抗的计算

假设在整个通风系统中，空气的含湿量不变；室外空气温度为26℃，相对湿度为60%，见表7-15。其中点12、点23、点34为柱1的节点，其温升与柱2、柱3、柱8、柱9、柱10、柱11的相同；点26、点37为柱4的节点，其温升柱5、柱6、柱7的相同。管段5~12、管段12~23、管段23~34与柱2、柱3、柱8、柱9、柱10、柱11对应管段的热压相同；管段15~26、26~37与柱5、柱6、柱7对应管段的热压相同，计算结果见表7-16。根据已知各管段的当量直径、局部阻力系数等相关参数可以计算出各管段的阻抗，见表7-17。

表 7-15　节点温度设定

节点	节点干球温度/℃	含湿量/（g/kg）	相对湿度（%）	密度/（kg/m³）
12	29	16.039	60	1.1389
23	31	20.242	60	1.1287
34	33	26.833	60	1.1173
26	29	16.039	60	1.1389
37	31	20.242	60	1.1287
2 或 3	26	12.636	60	1.1547

表 7-16　各管段热压计算

管段	5~12	12~23	23~34	15~26	26~37
ΔP/Pa	0.92904	0.47981	0.67032	0.74323	0.59976

表 7-17　各管段阻抗计算

编号	阻抗	编号	阻抗	编号	阻抗	编号	阻抗	编号	阻抗
1-2	0.004244	3-15	4.449347	4-28	4.449347	12-23	0.017062	25-1	0.550705
1-3	0.002859	3-16	4.449347	4-29	4.449347	13-24	0.017062	26-1	0.562377
1-4	0.003496	3-17	4.449347	4-30	4.449347	14-25	0.017062	27-1	0.562377
2-5	3.333247	3-18	4.449347	4-31	4.449347	15-26	0.017258	28-1	0.562377
2-6	3.333247	3-19	4.449347	4-32	3.333247	16-27	0.017258	29-1	0.562377
2-7	3.333247	3-20	4.449347	4-33	3.333247	17-28	0.017258	30-1	0.550705
2-8	3.333247	3-21	3.333247	5-12	0.021573	18-29	0.017258	31-1	0.550705
2-9	3.333247	3-22	3.333247	6-13	0.021573	19-30	0.017062	32-1	0.550705
2-10	3.333247	4-23	4.449347	7-14	0.021573	20-31	0.017062	33-1	0.550705
2-11	3.333247	4-24	4.449347	8-19	0.021573	21-32	0.017062		
3-12	3.333247	4-25	4.449347	9-20	0.021573	22-33	0.017062		
3-13	4.449347	4-26	4.449347	10-21	0.021573	23-1	0.550705		
3-14	4.449347	4-27	4.449347	11-22	0.021573	24-1	0.550705		

3. 通风量的计算

通风量及换气次数计算结果见表 7-18。

表 7-18　通风量及换气次数计算结果

楼层	换气量/（m³/h）	换气次数
一层	15523.6	2.44
二层	14793.4	3.53
三层	5921.8	1.81

7.8.4　通风量的校核

1. 用于消除室内余热的风量校核

以室外温度 26℃ 为例，按办公建筑室内最大温度为 28℃ 进行校核计算，计算结果见表 7-19。根据计算结果，结合一般办公建筑过渡季节的单位面积散热量为 $30\sim50\mathrm{W/m^2}$，可得出在上述计算的风量均能满足过渡季节消除室内余热。

表 7-19　室内余热值计算结果

楼层	通风带走热量/kW	单位建筑面积通风带走热量/（W/m²）
一层	9.97	56.3
二层	9.5	61.3
三层	3.8	27.16

2. 通风井内热平衡计算

计算室内所需热量和单位面积所需辐射量，见表 7-20 所示，满足设计要求。

表 7-20　通风井热平衡计算表

总通风量/（m³/h）	通风井所需热量/kW	单位玻璃面积所需辐射量/（W/m²）
36238.8	81.45	166.70

3. 太阳辐射量的校核

重庆地区过渡季节时间为 3 月 1 日~5 月 31 日、10 月 1 日~11 月 30 日，假定该建筑运行时间（需要通风时间）为 8:00~18:00，则根据重庆典型气象年的太阳辐射量的数据，3~5 月太阳辐射量保证率为 50%，在大部分时间段能够满足该情形下通风所需要的热量，但是在 10 月和 11 月，太阳辐射强度有明显降低，太阳辐射量保证率为 25%，能保证的时间段明显减少，保证率下降。

7.8.5　自然通风的增强技术措施

在前面的方案中，经过计算和分析可以知道：在重庆地区，过渡季节的太阳辐射强度较低，保证率也很有限，所以完全依靠太阳辐射从而达到预期的自然通风效果存在较大的困难，因此需要设计一套辅助的方案，加强通风的效果。

在增强通风效果方面，可以从两方面入手：一种是直接增加一套机械通风系统作为辅助通风方式；另一种是在原有自然通风的基础上，增大通风井内壁与流经空气的换热量，从而达到预期的通风效果，这里可以采用太阳能热水辅助加热的措施。两种方式需要通过比较与分析，从而得出最优的方案及设计方法。

7.9 郫都区人民医院负压（隔离）病房动力分布式通风系统调适

7.9.1 项目简介

该项目为郫都区人民医院负压（隔离）病房通风系统改造工程，分别为传染病房二层的两间负压隔离病房通风系统改造、住院楼五层重症监护室内的四间负压病房通风系统改造，通风系统均采用动力分布式通风系统。

7.9.2 调适准备

1. 熟悉系统平面布局

获取设计图样，熟悉系统布局，摸清新（排）风模块、新（排风）主机、风口、管道阀门、模块控制面板等主要设备设施的设计位置及其性能参数，明确房间设计参数。

2. 测试方案制订

根据设计图样及房间设计参数，确定测试点位及测试方式，准备所需仪器及测试记录表。

3. 通电检查

检查新（排）风主机、新（排）风模块、模块控制面板、电子微压差计等接线是否正确，是否能够通电并运行，将模块控制面板与模块按照电气设计图（或实际施工安装地点）一一对应起来。

4. 设备归零检查

检查电子微压差计、机械式压差计是否调零，如没有调零应手动归零，并检查设备能否正常工作。

7.9.3 测量仪器及方法

1. 测量仪器

本次检测主要涉及风速、风量、压力、长度的测量，测量仪器类型及参数见表7-21。

表7-21 测量仪器类型及参数

序号	名称	参数
1	德图testo风量罩	测量范围：40～4000m³/h 测量精度：±3%测量值+12m³/h 分辨率：1m³/h 响应时间：1s
2	德图testo405i热敏风速仪	测量范围：0～30m/s 测量精度：±（0.1m/s+5%测量值）（0～2m/s） ±（0.3m/s+5%测量值）（2～15m/s） 分辨率：0.01m/s

（续）

序号	名称	参数
3	德图 testo510 微压差表	测量范围：0～100hPa 测量精度：±0.03hPa（0～0.3hPa） ±0.05hPa（0.31～1hPa） （±01hPa+1.5%测量值）（1.01～100hPa） 分辨率：0.01hPa
4	卷尺	测量范围：0～15m 测量精度：0.01m

2. 房间风量检测方法

（1）风量罩法测量　对于可以直接利用风量罩测量风量的风口：测量前先打开风量罩电源，将风量罩倒扣在地板上，在无风地点进行风量仪校零的工作，上方如有强烈气流需要进行遮挡。观察风量仪是否在零位。如不在零位则需要进行零位校准，复零校准结束之后，直接将风量罩的开口完全罩住过滤器或者散流器，风口宜位于罩体的中间位置，并检查是否存在泄漏的情况，如图 7-82 所示。风量罩的接触面需要是平面，以防止旁通气流和不准确读数。稳定 10s 后即可读取风量数值，并记录。测量完毕之后，关闭电源即可。

图 7-82　风量罩法测量风口风量

（2）风速法测量　由于实际安装位置的限制，部分风口风量无法直接采用风量罩测量，拟采用热敏风速仪对风速进行测量，将风口划分为面积相等、接近正方形的小区，将探头置于小区中心测量，取测量风速平均值作为风速值，再测量风口面积，得到风口风量值，测量前应检查设备是否调零，如图 7-83 所示。

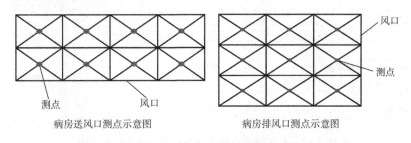

病房送风口测点示意图　　　　病房排风口测点示意图

图 7-83　风速仪测量测点布置示意图

3. 房间压力检测

对于已设计并安装有电子微压差计或机械式压差计的房间，在检验其能正常工作的情况下，可直接读取其数值，对于微压差计/机械式压差计不能正常工作的房间，可使用便携式微压差计对房间风量进行测量，如图 7-84 所示，便携式微压差计的测量方法如下：

关闭房间所有的门，采用微压差计对病房与缓冲间之间的压差进行测量并记录，微压差计低侧的端口利用管路连接到病房，高侧则连接到缓冲间内压力稳定的部位。

7.9.4 系统调适

1. 负压隔离病房通风系统调适

（1）负压隔离病房通风系统基本情况　该项目传染病楼负压隔离病房共计 2 间，通风系统分别为：①由屋顶直膨式新风主机与病房末端自适应送风模块组成的新风系统。②由屋顶排风主机与自适应排风模块连接高效过滤排风口组成的排风系统。③新排风系统控制模块、中央控制模块、压差检测及控制模块组成的压差控制系统，负压隔离病房动力分布式通风系统平面图如图 7-85 所示。

图 7-84　微压差计图示

按《传染病医院建筑设计规范》（GB 50849—2014）规定，负压隔离病房宜采用全新风直流式空调系统，最小换气次数应为 12 次/h。各病房需求风量、压差设计要求见表 7-22。

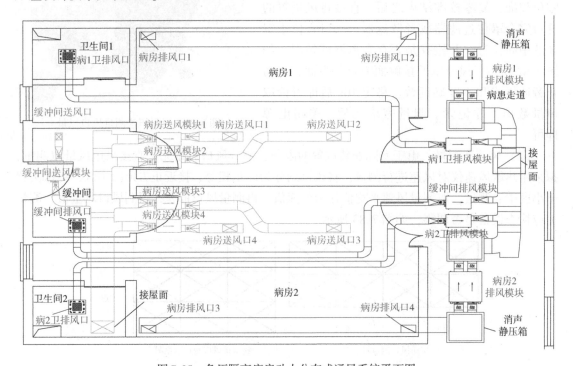

图 7-85　负压隔离病房动力分布式通风系统平面图

表 7-22　负压隔离病房需求风量、压差设计要求

房间名称	房间体积/m³	设计新风风量/(m³/h)	设计排风量/(m³/h)	设计压差/Pa
病房 1	60	720	新风量 + 300	-15
病房 2	67	804	新风量 + 300	-15

（续）

房间名称	房间体积/m³	设计新风风量/（m³/h）	设计排风量/（m³/h）	设计压差/Pa
卫生间1	6	—	36	−20
卫生间2	6	—	36	−20
缓冲间	16	96	—	−10

负压隔离病房动力分布式通风系统设备参数见表7-23。

表7-23 负压隔离病房动力分布式通风系统设备参数

名称	参数	备注
新风主机	2500m³/h，200Pa	一用一备
病房送风模块1、2、3、4	500m³/h，−120～140Pa	自适应模块
缓冲间送风模块5	150m³/h，−110～140Pa	
排风主机	4500m³/h，200Pa	一用一备
病房排风模块1、2	1200m³/h，300Pa	
缓冲间排风模块	150m³/h，300Pa	自适应模块
卫生间排风模块	150m³/h，300Pa	

（2）新风系统调适

1）设备安装施工情况检测。将新风主机、末端送风模块均开至10档，检测此时风口风量值，并与额定值比较，确认模块是否能正常工作，管道连接是否正常。

经测量，模块3、4风量值为170m³/h、95m³/h，实际出风量为额定风量的34%、18.8%（额定风量均为500m³/h），见表7-24。

表7-24 新风系统设备安装施工情况检测

房间名称	主机档位	模块名称	档位	风量/（m³/h）
病房2	单台10档	模块3	10	170
		模块4	10	95

2）新风系统调适前检测情况小结。由1）可知，在模块与主风机档位均开至最大时，模块3、模块4风量均偏低，应检查模块的好坏、模块管道连接情况、阀门开启情况等，排除设备本身原因导致的风量偏低。

3）新风系统检查。经检查，负压隔离病房新风系统主要有以下问题：

末端模块的阀门被固定，无法正常开启。

末端模块软接未对接缝进行处理，软接敞开，漏风量大，如图7-86所示。

图7-86 接口漏风

经调整，模块 3、模块 4 风量测试见表 7-25。

表 7-25　新风系统经调整后风量测试

房间名称	主机档位	模块名称	档位	风量/(m³/h)
病房 2	单台 10 档	模块 3	10	647
		模块 4	10	450

调整后，测得模块 3 送风口风量为 647m³/h，模块 4 风口风量为 450m³/h，病房 2 换气次数为 16.4 次/h，当模块和新风主机均开启到最大时，房间新风换气次数可以达到甚至超出设计要求，而新风换气次数过高将会造成能耗浪费，因此需要调适模块档位至合适的档位，使其恰好满足换气次数要求或接近换气次数要求。

4）按满足换气次数要求调适新风量

①工况 1：新风主机 10 档，模块 5 档。测得病房 2 模块 3 送风口风量为 466m³/h，模块 4 风口风量为 335m³/h，相较于末端模块 10 档分别降低了 27.9%、25.5%，见表 7-26。病房换气次数为 12 次/h，该工况和档位可以满足房间换气次数要求。

表 7-26　新风系统调适工况 1

房间名称	主机档位	模块名称	档位	风量/(m³/h)
病房 2	单台 10 档	模块 3	5	466
		模块 4	5	335

②工况 2：新风主机 8 档，模块 10 档，见表 7-27。

表 7-27　新风系统调适工况 2

房间	模块	档位	风量/(m³/h)	换气次数/(次/h)
病房 1	模块 2	10	583	9.7
病房 2	模块 3	10	631	9.4

③工况 3：新风主机 8 档。各病房新风量见表 7-28。

表 7-28　新风系统调适工况 3

	房间	模块	档位	风量/(m³/h)	换气次数/(次/h)
A	病房 1	模块 1	5	425	11.2
		模块 2	5	245	
	病房 2	模块 3	5	325	11.6
		模块 4	5	450	
B	病房 1	模块 1	5	280	12.2
		模块 2	6	450	
	病房 2	模块 3	5	388	10.8
		模块 4	5	333	
C	病房 1	模块 1	6	309	12.3
		模块 2	6	427	
	病房 2	模块 3	5	424	11.5
		模块 4	5	347	

新风主风机 8 档时:

对于 A 工况:所有模块为 5 档,病房总风量为 1445m³/h。具体地,模块 1 ~ 4 的风量差异较大,其中,模块 1、4 风量接近模块额定风量,模块 2 约为额定风量的一半。值得注意的是,模块 1 为系统最远端,其风量在同一档位上为模块 2 的两倍。

对于 B 工况:在 A 工况的基础上,将模块 2 档位调高至 6 档,病房总风量为 1451m³/h。具体地,相比于工况 A,模块 1 风量降低了 145m³/h,降低幅度为 34%,模块 2 风量增加了 205m³/h,增加幅度为 83%,模块 3 风量增加了 63m³/h,增加幅度为 30%,模块 4 风量降低了 117m³/h,降低幅度为 26%。模块 1、4 风量降低幅度均在 30%,总送风量相较于 A 工况变化幅度小于 1%。

对于 C 工况:在 A 工况的基础上,将模块 1、2 档位均调高至 6 档,病房总风量为 1507m³/h。具体地,相比于工况 A,模块 1 风量降低了 116m³/h,降低幅度为 27%,模块 2 风量增加了 182m³/h,增加幅度为 74%,模块 3 风量增加了 99m³/h,增加幅度为 30%,模块 4 风量降低了 107m³/h,降低幅度为 23%。模块 1、4 风量降低幅度均在 30%,模块 2 风量增幅较大,总送风量相较于 A 工况变化幅度小于 1%,相对于 B 工况变化幅度较小。

对于 A、B、C 工况,当主风机为 8 档时,由于管内可能存在的压力分布不均匀,导致模块的稳定性(模块风量在一定压力范围内能保持稳定)受到干扰,可能存在的原因是三通阻力较大,支管布局过于密集。

④工况 4:主新风机 7 档,模块 5 档。主风机 7 档时:当所有模块均为 5 档时,病房总风量为 1609m³/h。此时,模块 1、模块 3 接近额定风量,模块 2 为额定风量的 60%,模块 4 为额定风量的 76%(额定风量均为 500m³/h),此时病房 1、2 均能满足新风换气次数要求,见表 7-29。

表 7-29 新风系统调适工况 4

工况	房间	模块	档位	风量/(m³/h)	换气次数/(次/h)
4	病房 1	模块 1	5	483	13.1
		模块 2	5	304	
	病房 2	模块 3	5	443	12.3
		模块 4	5	379	

与工况 3-A 相比,当模块均为 5 档时,新风主机档位降低 1 档,病房总风量增加了 161m³/h,增加幅度为 11%。具体地,模块 1 风量降低了 58m³/h,降低幅度为 13%,模块 2 风量增加 56m³/h,增加幅度为 24%,模块 3 风量增加了 118m³/h,增加幅度为 36%,模块 4 风量降低了 79m³/h,降低幅度为 16%。

⑤工况 5:主新风机 6 档,模块 5 档。主风机 6 档时:当所有模块均为 5 档时,1218m³/h,此时模块 1 ~ 4 的风量为额定风量的 58%、63%、71%、51%,房间换气次数均无法满足要求,见表 7-30。

表7-30　新风系统调适工况5

工况	房间	模块	档位	风量/（m³/h）	换气次数/（次/h）
5	病房1	模块1	5	291	10.1
		模块2	5	317	
	病房2	模块3	5	354	9.1
		模块4	5	256	

由工况1、3A、工况4、工况5可知，当模块均为5档，新风主机档位不同，各模块风量情况见表7-31，如图7-87所示。

表7-31　模块均为5档风量情况　　　　　　　（单位：m³/h）

模块编号	新风主机档位			
	10	8	7	6
模块1	—	425	483	291
模块2	—	245	304	317
模块3	466	325	443	354
模块4	355	450	379	256

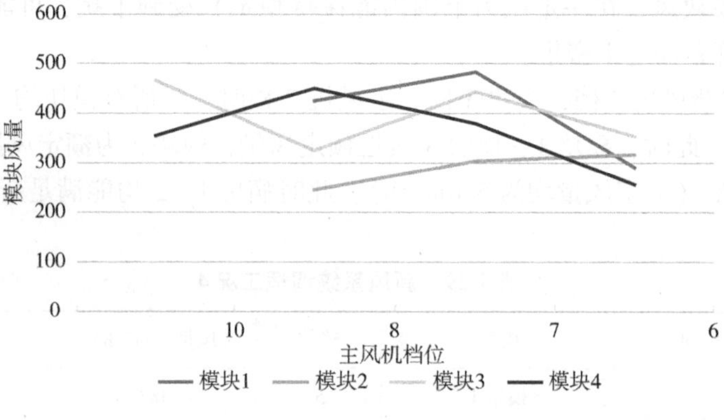

图7-87　模块均为5档风量变化情况

⑥工况6：主新风机9档，模块4档。由测试可知，工况1、4满足要求，但当病房内同时开启两台模块时，室内噪声较大，约为60dB（超出60dB即为吵闹环境），故将主新风机调至9档，末端送风模块调至4档。测试可知，工况6无法满足换气次数要求，见表7-32。

表7-32　新风系统调适工况6

工况	房间	模块	档位	风量/（m³/h）	换气次数/（次/h）
6	病房1	模块1	4	258	10.1
		模块2	4	346	
	病房2	模块3	4	399	10.8
		模块4	4	327	

（3）房间负压调适　病房负压依靠排风进行调适，在新风系统调适完毕后，不再对送新风系统操作，送风系统为工况4的运行状态。

房间负压调适前，首先对房间密闭性进行检查，检查发现房间门缝过大、传递窗四周存在漏风、模块控制面板四周存在漏风。通过调节门下方的可伸缩类门帘装置，减小门下方缝隙，并对其他漏风处进行密封后进行房间压差调适，见表7-33。

表7-33 负压调适数据记录

工况	房间	模块	档位	总风量/（m³/h）	压差/Pa
工况4：新风主机7档；排风主机8档	病房1	送风模块1、2	5	787	−17
		排风模块	6	883	
		卫生间排风	6	—	−25
	病房2	送风模块3、4	5	822	−15
		排风模块	7	972	
		卫生间排风	6	277	−20
	缓冲间	送风模块	10	237	−10
		排风模块	7	212	
		排风模块	8	—	

房间1送排风量差为96m³/h，房间2送排风量差值为150m³/h，房间1密封性好于2。

（4）管道最末端静压测试 主排风机开至8档时，测量排风主管最末端管道静压，靠病房1方向的末端主管静压为−68Pa，靠近病房2方向的末端主管静压为−126Pa。

2. 负压病房通风系统调适

该项目负压病房共计4间，通风系统分别为：①由屋顶直膨式新风主机与病房末端自适应送风模块组成的新风系统。②由屋顶排风主机与自适应排风模块连接高效过滤排风口组成的排风系统。③新、排风系统控制模块、中央控制模块、压差检测及控制模块组成的压差控制系统，负压病房动力分布式通风系统平面图如图7-88所示。

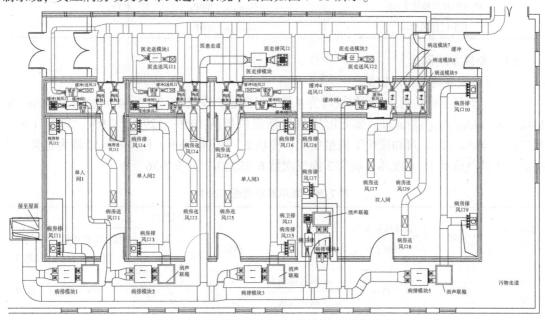

图7-88 负压病房动力分布式通风系统平面图

按《传染病医院建筑设计规范》（GB 50849—2014）规定，负压隔离病房宜采用全新风直流式空调系统，最小换气次数应为 12 次/h。各个房间各病房需求风量、压差设计要求见表 7-34。

表 7-34 负压病房通风系统房间风量、压差设计要求

名称	房间体积/m³	设计新风量/(m³/h)	设计排风量/(m³/h)	压差/Pa
病房 1、2、3	51.3	615	新风量 + 300	−15
缓冲间 1、2、3	22	130	新风量 + 300	−10
病房 4	121.5	1458	新风量 + 300	−15
缓冲间 4	27	160	新风量 + 300	−10
走廊	100	600	新风量 + 300	−5
卫生间	8	—	48	−20

负压病房动力分布式通风系统设备参数见表 7-35。

表 7-35 负压病房动力分布式通风系统设备参数

名称	参数	备注
新风主机	6000m³/h、300Pa	一用一备
病房送风模块 1 ~ 6	450m³/h，− 120 ~ 140Pa	自适应模块
病房送风模块 7 ~ 9	600m³/h，− 150 ~ 130Pa	
缓冲间送风模块 1、2、3、4	150m³/h，− 120 ~ 140Pa	
排风主机	9000m³/h、300Pa	一用一备
病房排风模块 1、2、3	1200m³/h、300Pa	自适应模块
病房排风模块 4、5	1100m³/h、300Pa	
缓冲间排风模块 1 ~ 4	150m³/h、300Pa	
卫生间排风模块	150m³/h、300Pa	

（1）新风系统调适

1）设备安装施工情况检测

①单台新风主机 9 档，末端模块均为 4 档。经测量，模块 1、2、3、4 风量值为 472m³/h、134m³/h、143m³/h、177m³/h，实际出风量为额定风量的 105%、29%、31%、39%（额定风量均为 450m³/h），可知模块 1 风量偏大，模块 2、3 风量偏小，模块 4 风量较为正常，此时病房 1 换气次数 11.8 次/h，病房 2 换气次数 6.2 次/h，见表 7-36。

表 7-36 新风系统调适工况 1

新风主机档位	房间	设计风量要求/(m³/h)	送风模块			房间总新风量/(m³/h)	换气次数/(次/h)
			模块编号	档位	风量/(m³/h)		
单台 90%	病房 1	615.6	病送模块 1	4	472	606	11.8
			病送模块 2	4	134		

（续）

新风主机档位	房间	设计风量要求/（m³/h）	送风模块				
			模块编号	档位	风量/（m³/h）	房间总新风量/（m³/h）	换气次数/（次/h）
单台90%	病房2	615.6	病送模块3	4	142	319	6.2
			病送模块4	4	177		
			病送模块3	8	237	486	9.5
			病送模块4	8	249		
	病房3	615.6	病送模块5	8	292	554	10.8
			病送模块6	8	262		
	病房4	1458	病送模块7	8	300	1152	9.5
			病送模块8	8	377		
			病送模块9	8	475		

②单台新风主机9档，末端模块均为8档。经测量，当模块均为8档时，模块3~9的风量为237m³/h、249m³/h、292m³/h、262m³/h、300m³/h、377m³/h、475m³/h，模块3~6实际出风量为额定风量的52%、64%、58%、66%（额定风量为450m³/h）；模块7~9实际出风量为额定风量的50%、60%、78%（额定风量为600m³/h），实际出风量均偏小，此时病房2换气次数9.5次/h，病房3换气次数10.8次/h，病房4换气次数9.5次/h，均不能满足换气次数要求。

③单台新风主机9档，病房末端模块均为10档。由于病房1在调适工况1（表7-37）房间换气次数已接近换气次数要求，本工况中，适当调高模块1的档位，保障病房1新风换气次数要求，此时模块1为6档，风量为600m³/h，模块1为4档，风量为120m³/h，病房1换气次数14次/h，为额定风量的133%、26%（额定风量为450m³/h）。

表7-37　新风系统调适工况2

新风主机档位	房间	设计风量要求/（m³/h）	送风模块				
			模块编号	档位	风量/（m³/h）	房间总新风量/（m³/h）	换气次数/（次/h）
单台90%	病房1	615.6	病送模块1	6	600	720	14.0
			病送模块2	4	120		
	缓冲1	129.6	缓冲1送	8	163	163	7.5
	病房2	615.6	病送模块3	10	130	517	10.1
			病送模块4	10	387		
	缓冲2	129.6	缓冲2送	8	112	112	5.2
	病房3	615.6	病送模块5	10	334	729	14.2
			病送模块6	10	395		
	缓冲3	129.6	缓冲3送	8	204	204	9.4
	病房4	1458	病送模块7	10	300	1114	9.2
			病送模块8	10	349		
			病送模块8	10	465		
	缓冲4	162	缓冲4送	8	144	144	5.3

当病房 2 ~ 4 送风模块档位均为 10 档时；模块 3 ~ 9 风量为 130m³/h、387m³/h、334m³/h、395m³/h、300m³/h、349m³/h、465m³/h；模块 3 ~ 5 实际出风量为额定风量的 28%、86%、74%（额定风量为 450m³/h）；模块 7 ~ 9 实际出风量为额定风量的 50%、58%、77%（额定风量为 600m³/h）；模块 3、模块 7、模块 8 实际出风量偏小，此时，病房 2 换气次数 10.1 次/h，病房 3 换气次数 14.2 次/h，病房 4 换气次数 9.2 次/h，病房 2、4 不满足换气次数要求。

缓冲间送风模块均为 8 档时，缓冲间送风模块 1 ~ 4 风量为 163m³/h、112m³/h、204m³/h、144m³/h，实际出风量为额定风量的 108%、74%、136%、96%（额定风量为 150m³/h），此时，缓冲间 1 换气次数 7.5 次/h，缓冲间 2 换气次数 5.2 次/h，缓冲间 3 换气次数 9.4 次/h，缓冲间 4 换气次数 5.3 次/h，见表 7-37。

2）新风系统调适前检测小结。由工况 1、2、3 可知，病房新风模块中，相同档位下，模块 2、3、7、8 风量值偏低，应检查模块的好坏、模块管道连接情况、阀门开启情况等，排除设备本身原因导致的风量偏低。

3）新风系统检查。经检查，新风系统模块主要问题为模块的安装施工问题，主要体现在：

①模块进风段：进风软管尺寸与模块接口尺寸不匹配，软管没有接上模块的塑料接口，模块开启时在负压作用下，软管、保温棉等直接将风道堵死，风量降低。

②模块出风段：出风口软管与模块接口尺寸不匹配，由于软管尺寸较大，在固定软管的过程中，塑料外层崩裂，漏风面积大，如图 7-89 所示。

 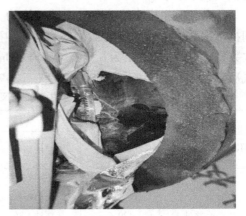

模块进口段内部情况　　　　　　　　　　　模块出口段软管连接情况

图 7-89　模块进出段连接情况

重新处理软管后，模块 3 风量见表 7-38。

表 7-38　单个模块风量检测　　　　　　　　　　　（单位：m³/h）

名称	整改前（10 档）	整改后（10 档）
病房送风模块 3	155	427
病房送风模块 4	388	407

调整后，模块 3 风量增加了 175%，模块 4 风量基本保持稳定。

4）按满足换气次数要求调适新风量。检查确认新风系统设备连接正常、阀门开启正常后，调节模块档位，以满足房间换气次数的要求为标准对风量进行测量。

经调整，病房1模块均为4档时，模块风量为388m³/h、304m³/h，房间总风量692m³/h，房间换气次数13.5次/h；病房2模块均为5档时，模块风量为317m³/h、329m³/h，房间总风量646m³/h，房间换气次数12.6次/h；病房3模块均为5档时，模块风量为317m³/h、344m³/h，房间总风量729m³/h，房间换气次数12.9次/h；病房4模块均为8档时，模块风量为476m³/h、389m³/h、437³/h，房间总风量1302m³/h，房间换气次数10.7次/h。病房模块档位调至最大，也只能保障房间换气次数约11次/h。缓冲间换气次数均可满足要求，见表7-39。

表7-39 按满足换气次数要求调适新风量

新风主机档位	房间	设计风量要求/(m³/h)	送风模块			房间总新风量/(m³/h)	换气次数/(次/h)
			模块编号	档位	风量/(m³/h)		
单台100%	病房1	615.6	病送模块1	4	388	692	13.5
			病送模块2	4	304		
	缓冲1	129.6	缓冲1送	4	147	147	6.8
	病房2	615.6	病送模块3	4	243	493	9.6
			病送模块4	4	250		
			病送模块3	5	317	646	12.6
			病送模块4	5	329		
	缓冲2	129.6	缓冲2送	4	137	137	6.3
	病房3	615.6	病送模块5	5	317	729	12.9
			病送模块6	5	344		
	缓冲3	129.6	缓冲3送	4	133	133	6.2
	病房4	1458	病送模块7	8	476	1302	10.7
			病送模块8	8	389		
			病送模块9	8	437		
	缓冲4	162	缓冲4送	6	164	164	6.1

（2）排风系统调适

1）设备安装施工情况检测。经测量，模块1、2、3、4、5总风量值为960m³/h、1213m³/h、1100m³/h、1070m³/h、400m³/h，模块1~3实际出风量为额定风量的80%、100%、91%（额定风量均为1200m³/h），模块4、5为100%、36%（额定风量均为1100m³/h），可知模块1~4风量较为正常，模块5风量偏小。

由表7-40可以看出，在排风量均较为正常的情况下，排风口1、2；排风口5、6；排风口7、8各自连接同一台排风模块，但风量不均衡，应当检查管道连接情况及管道阀门开启情况。

表 7-40　排风系统风量检测

主风机档位	模块编号	档位	风口编号	风量 / （m³/h）	房间总排风量 / （m³/h）	排风换气次数 / （次/h）
单台 80%	病排模块 1	10	病房排风口 1	810	960	18.7
			病房排风口 2	150		
	病排模块 2	10	病房排风口 3	679	1213	23.6
			病房排风口 4	534		
	病排模块 3	10	病房排风口 5	0	1100	9.1
			病房排风口 6	1100		
	病排模块 4	10	病房排风口 7	1070	1070	12.1
			病房排风口 8	0		
	病排模块 5	10	病房排风口 9	233	400	
			病房排风口 10	167		

2）排风系统检查。经检查，新风系统主要有以下问题：

①管道阀门未正常开启。由于高效排风风口上方管道风阀未打开，导致风口风量为 0，所有风量均从另一个风口排出，应检测所有阀门的开启情况，如图 7-90 所示。

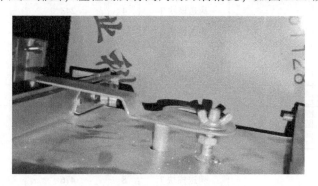

图 7-90　管道阀门开启情况

②面板接线问题。控制面板线路较多，施工安装时不慎将线压在线盒上，容易导致线路断开，第一次测量还能正常工作，第二天就不能正常工作，如图 7-91 所示。

图 7-91　控制面板线路连接情况

③可能存在的设备问题。模块5为1100m³/h大风量排风模块，该产品内部设计为双电动机，对模块5进行单独测试，其结果见表7-41。

表7-41 排风模块5性能测试

模块名称	模块档位	风口名称	风量 /(m³/h)	总风量 /(m³/h)	备注
排风模块5	10	病房排风口9	250	425	关闭模块4
		病房排风口10	175		
		病房排风口9	480	797	单台主风机100%/其他支路不开
		病房排风口10	317		
		病房排风口9	750	1270	两台主风机100%/其他支路不开
		病房排风口10	520		
		病房排风口9	376	631	关闭主风机/其他支路不开
		病房排风口10	255		

由测试结果可知，该模块在不受主风机和其他模块压力影响下，最大能提供631m³/h的风量，为额定风量值的57%，排除管道连接、阀门开启情况后，判定该设备可能存在电动机损坏等问题，考虑对设备予以更换。

（3）房间负压调适 病房负压依靠排风进行调适，在送风系统调适完成后，不再对送风系统进行操作，送风系统主机及模块为按满足新风换气次数的档位运行。

房间负压调适前，首先对房间密闭性进行检查，对可能存在的门窗渗透部位、传递窗等部位用玻璃胶等物品进行处理。

1）两台排风主风机均开至80%。新风调至满足换气次数要求时的档位，排风模块开至最大，两台排风主风机均开至80%。由测试可知，新风系统满足换气次数要求时，当排风模块开至最大，排风主机开到8档时，仅病房4能满足要求，其余房间均无法满足要求，见表7-42。

表7-42 房间负压调适工况1

工况	房间	模块	档位	总风量 /(m³/h)	换气次数 /(次/h)	压差 /Pa
新风主机：单台100% 排风主机：两台80%	病房1	病送模块1	4	692	13.5	-11.3
		病送模块2	4			
		病排模块1	10	—	—	
	缓冲1	缓冲1送	4	147	6.8	-8
		缓冲1排	10			
	病房2	病送模块3	5	646	12.6	-11.6
		病送模块4	5			
		病排模块2	10	—	—	
	缓冲2	缓冲2送	4	137	6.3	-8.9
		缓冲2排	10	—	—	
	病房3	病送模块5	5	661	12.9	-9.3
		病送模块6	5			
		病排模块3	10	—	—	

（续）

工况	房间	模块	档位	总风量/（m³/h）	换气次数/（次/h）	压差/Pa
新风主机：单台100% 排风主机：两台80%	缓冲3	缓冲3送	4	133	6.2	−6.3
		缓冲3排	10	—	—	
	病房4	病送模块7	8	1302	10.7	−16.4
		病送模块8	8			
		病送模块9	8			
		病排模块4	10			
		病排模块5	10			
	缓冲4	缓冲4送	6	164	6.1	−8.2
		缓冲4排	10	—	—	

2）两台排风主风机均开至100%。新风调至满足换气次数要求时的档位，排风模块开至最大，两台排风主风机均开至100%。由测试可知，新风系统满足换气次数要求时，当排风模块与排风主机均开到最大档位时，所有房间均能满足压差要求，见表7-43。

表7-43　房间负压调适工况2

工况	房间	模块	档位	总风量/（m³/h）	换气次数/（次/h）	压差/Pa
新风主机：单台100% 排风主机：两台100%	病房1	病送模块1	4	692	13.5	−16.2
		病送模块2	4			
		病排模块1	10	—	—	
	缓冲1	缓冲1送	4	147	6.8	−11.3
		缓冲1排	10	—	—	
	病房2	病送模块3	5	646	12.6	−15.8
		病送模块4	5			
		病排模块2	10	—	—	
	缓冲2	缓冲2送	4	137	6.3	−11.7
		缓冲2排	10	—	—	
	病房3	病送模块5	5	661	12.9	−17.8
		病送模块6	5			
		病排模块3	10	—	—	
	缓冲3	缓冲3送	4	133	6.2	−12
		缓冲3排	10	—	—	
	病房4	病送模块7	8	1302	10.7	−22.3
		病送模块8	8			
		病送模块9	8			
		病排模块4	10	—	—	
		病排模块5	10	—	—	
	缓冲4	缓冲4送	6	164	6.1	−12.3
		缓冲4排	10	—	—	

（4）最终调适工况　由于压力计分别在医护走廊（电子微压差计）与污物走廊（机械

式电子压差计），在房间处于密闭的情况下，两者压力值存在一定的差异，机械式压力表的负值稍低，由于现场安装尚未最终结束，也为最大限度地保障室内空气安全，保守地按照机械式压力表的压力值来调整新、排风系统档位，最终调适工况见表7-44。

表7-44　负压病房最终调适工况

工况	房间	模块	档位	总风量 /（m³/h）	换气次数 /（次/h）	压差 /Pa
新风主机：单台100% 排风主机：两台100%	病房1	病送模块1	3	529	10.3	-19.5
		病送模块2	3			
		病排模块1	10	834	16.3	
	缓冲1	缓冲1送	4	93	4.3	-11.8
		缓冲1排	10	170	7.9	
	病房2	病送模块3	4	544	10.6	-15.7
		病送模块4	4			
		病排模块2	10	802	15.6	
	缓冲2	缓冲2送	4	111	5.1	-10.6
		缓冲2排	8	162	7.5	
	病房3	病送模块5	4	582	11.3	-17.4
		病送模块6	4			
		病排模块3	10	829	16.2	
	缓冲3	缓冲3送	1	12	0.6	-10.4
		缓冲3排	10	130	6	
	病房4	病送模块7	8	707	5.8	-17
		病送模块8	8			
		病送模块9	8			
		病排模块4	7	1040	8.6	
		病排模块5	8			
	缓冲4	缓冲4送	2	51	1.9	-11.6
		缓冲4排	10	152	5.6	

该工况下，房间新风换气次数均不能实现12次，但能保证病房负压值在 -15Pa 以上，此时病房1送排风量差为305m³/h，房间2送排风量差值为258m³/h，房间3送排风量差值为247m³/h，房间4送排风量差值为333m³/h，经密封处理后，各房间密封性能较为一致。

7.9.5　问题总结

综合负压隔离病房通风系统、负压病房通风系统两套动力分布式通风系统的调适工作，总结调适中可能遇到的问题，主要有以下几个方面：

（1）设计阶段的问题　新、排风主机在设计时，均按一用一备考虑，即一台新风主机/排风主机满负荷工作时即可满足房间新风量/压力要求，当一台出现损坏需要维修时，另一

台才启动运行。实际调适中，一台排风主
机开到最大时房间压力不能满足要求，两台排风主
机运行，房间压力才能满足要求。

由图 7-92 可知，设计工况为点 Q_0，此时排
风管网阻力计算曲线为 I，而实际管道施工安
装后，管网阻力曲线为 II，单风机运行工况点
为 Q_1，管网阻力比计算值大，导致风机流量降
低，开启备用主机后，两台风机并联运行运行
工况点变为 Q_2，流量能满足房间压力的要求。

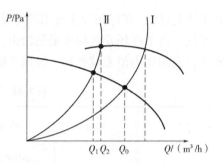

图 7-92　风机单机运行与联合运行工况点的确定
Q_0—设计工况　Q_1—阻力变化前单台机组运行工况点
Q_2—阻力变化后两台机组并联运行工况点

（2）房间密闭性要求　负压（隔离）病房
能否"负"得起来，房间气密性极其重要，调
适开始前，应对室内可能存在的漏风点进行密封，主要有几个重要的位置，见表 7-45。

表 7-45　房间密封需要注意的位置

序号	位置	注意事项
1	门窗的渗透	尽可能地采用密闭性能较好的门、窗以及其他设备，采取密封措施（如玻璃胶）对漏风点进行处理
2	传递窗周围的渗透	
3	电气管路的渗透	
4	控制面板的渗透	

（3）施工安装存在的问题

1）模块两端的连接问题。当采用帆布来连接模块与风管时，应当对帆布做密封处理，
否则极易导致漏风问题。当采用塑料软管来连接风管时，应当注意软管与模块接口尺寸的匹
配问题，模块入口段的管段极易在负压的影响下导致软管变形、管径变小，若软管尺寸过
小，则可能出现管内堵塞问题。模块出口段为正压段，若软接质量不好则可能会出现破损，
导致风量降低，此外尺寸不匹配在安装施工时也极易导致软管破损。

2）管道阀门的启闭。管道安装完毕后，应仔细检查管道阀门的启闭状态，确保阀门在
应开启的地方处于开启状态。

3）压差表的安装。机械式压差表、电子微压差计等均需要连接软管来测量相对压力，
应注意防止施工时（如涂密封胶）导致管段被堵塞。

4）电气接线。应当严格按照电气设计图、产品接线图对主机、动力模块、控制面板进
行线路连接，现场调适过程前应仔细核查检验线路是否正确，避免在施工安装过程中出现线
路被压断的情况。

7.9.6　调适总结

动力分布式通风系统应用于负压（隔离）病房，设备安装完成后，仅需按照规定的流
程，在房间内部调节新排风主机和新排风模块即可调整房间风量，保障房间压力，不再需要
通过反复地上下顶棚调节阀门来调节房间压力，系统调适工作较为简单，极大地减轻了系统
调适过程的压力。

动力分布式的系统应用于负压（隔离）病房通风系统时，系统调适至少应包含以下内容：

（1）调适前的系统检查　主要包括设计符合性检查、施工质量符合性检查、设备安装质量符合性检查、控制系统传感器检查、房间气密性检查等。

（2）主风机和末端动力模块试运转　主要包括检查主风机、模块是否能正常、平稳地运行，有无异响，阀门能否正常启闭，风量是否满足额定风量（设计风量）要求。

（3）送风系统平衡调适　先后启动新风主风机、新风送风模块，并预设档位，从最末端房间开始测量风口风量，调节模块档位满足换气次数要求，直至所有房间风量满足设计要求。

（4）排风系统平衡调适　先启动排风模块、排风主风机，后启动新风主风机、新风送风模块，并预设档位，检查房间压力是否满足设计要求，调节模块档位以满足需求。

（5）综合调适　综合调整各房间风量、压力，并调节保障排风系统主管最不利支路管道静压低于所在空间的压力。

附 录

附录 A 平疫结合型动力分布式通风系统设计与调适指南

A.1 总 则

A.1.1 为满足平疫工况下通风需求，消除通风管网不平衡问题，规范平疫结合型动力分布式通风系统技术的应用，制定本规范。

【条文说明】常规的通风均采用动力集中式系统，其具有以下特点：①风机的扬程是根据最不利环路确定的，其他支路的资用压头富余，越靠近动力源，富余量越大。②对于富余压头，采用阀门消耗，实现管网阻力平衡，造成了很大的能量浪费。③具有多个支路的动力集中式系统，在设计工况下，调节阀能耗占有颇高的份额。在调节工况下，改变动力的集中调节虽然减少了向系统投入的能量，但阀门能耗所占份额没有改变。④末端恒定风量，无法按需调控，或者即使是变风量，也只能实现主风机调控，导致末端风量只能一致变大或变小。动力分布式系统可以减小输配能耗，满足各空间动态非均匀的新风需求。

在负压通风系统中，存在以下一些设计方案，其中动力送风和排风都是动力分布式通风系统，其保障性和调节性最好。

1. 送排风支管均设置手动蝶阀，手动调节（图 A-1）

此系统方案造价最低，调试难度最大。一套送风排风系统负担多间负压病房，每间负压病房通过手动蝶阀一间一间调试出 5Pa 以上的负压差，难度可想而知。《传染病医院建筑设计规范》（GB 50849—2014）中第 7.3.5 条要求：同一通风系统，房间到总送、排风系统主干管之间的支风道上应设置电动密闭阀，并可单独关断进行房间消毒。按此条要求，上述系统一旦关闭，某间病房电动风阀系统的管网阻力特性就会瞬间变化，对其他病房压力梯度存在很大干扰，每间负压病房的 5Pa 以上负压差均会改变，甚至有可能成为正压。因此，此系统如需要房间消毒只能整个通风系

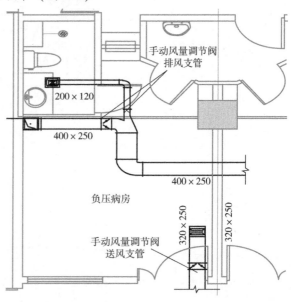

图 A-1 送排风支管均设置手动蝶阀

统全部同时关闭，统一消毒完成后再统一开启运行。

2. 送排风支管均设置定风量阀（图 A-2）

此系统方案造价适中，因定风量阀为工厂设定好风量后运至现场安装，优势是系统安装完成后无须进行调试。此系统方案对设计要求较高，需严格准确计算单间负压病房送风、排风量并明确标注，通过设定好的风量差实现每间病房的负压差。存在的问题：实际现场门窗缝隙等漏风量与设计计算数值差别较大时，会出现单间病房负压差过大或不满足。压差过大造成能耗过高能源浪费，且压差不满足，无法进行验收。

3. 送风支管设置定风量阀，排风支管设置"自带动力的末端风量调节模块"（图 A-3）

此系统方案造价较高，但现场安装完成后每间负压病房压差调试较为简单。送风系统按照负压病房新风换气次数要求由定风量阀始终保证定风量运行，排风支管风量调节模块自带压力无关型小风机，在缓冲间设控制面板，根据压差表数值直接在控制面板上对排风模块排风量调大或调小，从而很容易实现每间负压病房的调试工作。存在的问题：送风量（新风量）只能按照负压病房的规定值定风量运行，如作为普通病房使用，新风量无法降低，系统运行能耗较高。无法实现通风系统的"平疫转换"。

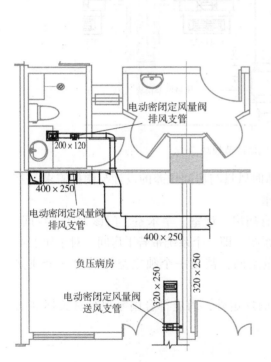

图 A-2　送排风支管均设置定风量阀

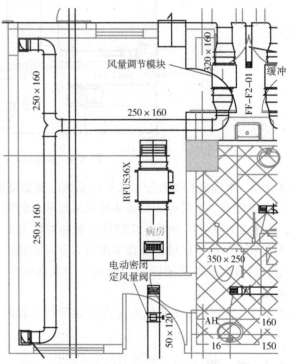

图 A-3　送风支管定风量阀、排风支管风量调节模块

4. 送排风支管均设置"自带动力的末端风量调节模块"（图 A-4）

此系统方案造价最高，与方案 3 一样，现场安装完成后调试非常简单。送风定风量，根据压差调试排风量，从而实现负压差。当负压病房作为普通病房使用时，送风量、排风量均可以根据实际需要量在控制面板上进行设定，运行能耗大幅降低，但系统造价较高。

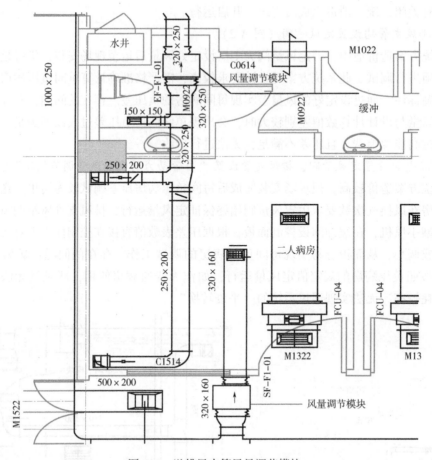

图 A-4 送排风支管风量调节模块

A.1.2 本规范的动力分布式通风系统应满足疫情时风量与房间压差的设计与调控需求，兼顾节能需求。平时应满足健康呼吸风量和节能需求。

【条文说明】对于平疫结合通风的对象主要有病房、诊室、手术室、门诊大厅等空间。对于病房与诊室区域，推荐采用动力分布式通风系统，即一个系统带若干房间。对于如手术室、门诊大厅等其他区域，建议一个系统带少量空间，甚至一个独立空间设置一个独立系统。

A.1.3 动力分布式通风系统设计除符合本标准的规定外，尚应符合国家现行有关标准的规定。

A.2 术 语

A.2.1 平疫结合型通风系统 Ventilation System Combined usual and epidemic situation
　　具有疫情工况和平时工况，可实现便捷快速切换的通风系统。

A.2.2 动力分布式通风系统 Distributed Fan Ventilation System
　　动力分布式通风系统与动力集中式通风系统相对应，是将促使风流动的部分或全部动力分布在各支管上形成的系统，可调节风机转速，满足动态风量需求。由主风机、支路风机、风口、低阻抗管网组和专用控制系统组成。

A.2.3 主风机 Main Fan

　　动力分布式通风系统中承担主干管空气输送的风机。

A.2.4 支路风机 Branch Fan

　　动力分布式通风系统中承担支路空气输送的风机。

A.2.5 自适应风机 Self-adaption Fan

　　能够根据实际风量需求和管网的动态阻力特性而自动调整风机转速来稳定风量的风机。

A.2.6 零压点 Zero Pressure Point

　　动力分布式通风系统中主风管内静压为零的位置点,即主风机克服主风管阻力的最远点。

A.3 系统设置

A.3.1 平疫结合型动力分布式通风系统由送风系统和排风系统两种系统构成。每种系统由主风机和末端支路风机组成。

A.3.2 平疫结合型动力分布式通风系统根据末端支路风机的不同可分为常规型动力分布式通风系统和自适应型动力分布式通风系统。

A.3.3 平疫结合型动力分布式通系统根据风量可变特性可分为定风量和变风量通风系统。

　　【条文说明】动力分布式新风系统示意图如 A-5 所示,其中根据支路风机运行时是否动态调节,可将系统分为定风量系统和变风量系统两种。根据平时运行时是否变风量来确定系统的形式。

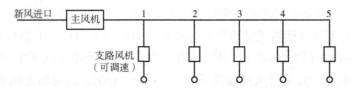

图 A-5　动力分布式新风系统示意图

A.3.4 平疫结合动力分布式通风系统规模宜为 6 间房间,不宜多于 12 间房间。

　　【条文说明】为了使得系统较好设计与调节,考虑到负压隔离病房的风量需求是负压病房风量需求的 2 倍,将疫情时转化为负压隔离病房的系统规模控制在 6 间病房,将疫情时转化为负压病房的系统规模控制在 12 间病房。

A.4 风量计算

A.4.1 应首先确定平疫结合的定位内容,然后再分别确定平疫工况下的风量。

　　【条文说明】病房平疫结合定位主要由普通病房切换为负压病房,普通病房切换为负压隔离病房两类。第一种排风高效过滤器可在排风机处设置,第二种排风高效过滤器在室内排风口处设置。平时设计风量的按照规范是新风换气次数不低于 2 次/h,考虑到普通病房内人员变化特性,推荐采用新风量换气次数 3 次/h。平时保障末端最低新风量运行,考虑突然增大需求的新风量变风量运行(每个末端不同时最大运行,平时系统总风量应是每个末端 3 次/h 换气次数累加后乘以小于 1 的系数);疫情时,每个末端最大风量运行。

A.4.2 设计时以疫情最大风量进行设计,但需考虑到房间的压差设计值对送风和排风系统设计产生的影响。

【条文说明】房间负压力对于新风系统来说是促进的，而对于排风系统来说则是负作用，因此排风系统的压力需考虑到此负压影响。

A.5 风管设计及水力计算

A.5.1 风管设计

A.5.1.1 主风管尺寸设计时应以疫情工况下的风量为主，兼顾平时工况下风管工作风速与压力。

A.5.1.2 支风管尺寸应以最大风量设计。

A.5.1.3 风管干管空气流速宜为 5 ~ 6.5m/s，支管宜为 3 ~ 4.5m/s，在条件允许时，干管管路风速宜取下限值，支路管路风速宜取上限值。

【条文说明】在动力分布式通风系统设计时，干管空气流速取下限值，支路空气流速取上限值，即干管风管尺寸宜大些，支路风管尺寸宜小些，这样可以减小管网系统的不平衡率，保证系统的稳定性，但需兼顾主风管安装空间与末端噪声。

A.5.1.4 主风管尺寸宜采用等管径设计。主风管长度不宜大于 50m，主管所接出的支路个数不宜大于 30 个。

【条文说明】本条考虑到各支路的水力平衡，采用等管径设计有利于各支路的水力平衡。

A.5.1.5 主风管长度不宜大于 50m，主管所接出的支路个数不宜大于 30 个。

【条文说明】动力分布式新风系统宜设计为小系统，便于调节与控制。考虑到目前主流支路风机平时运行型号规格的风量约为 150m³/h 和 250m³/h 两种，支路总数为 30 个时，系统总风量为 4500m³/h 和 7500m³/h，对于系统的调控和噪声的控制非常有利。目前的自适应模块所在环路的压力，需支路风机提供压力在 −150 ~ 150Pa 时的额定风量适应能力较好，能保证风量偏差不大于 15%，当转速调小时，风量的自适应能力有所降低，即风量适配范围将缩小（如缩小至 −100 ~ 100Pa）。由于零压点的设置为主管的 1/2 处，当风管的长度不大于 50m 时，若根据主管的压力损失为 2Pa/m 考虑，1/2 管道长度的阻力为 50Pa，对于各支路而言，考虑到支路本身具有一定的阻力（依据设计而不同，考虑支路风机的入口出口效应，假设为 30Pa，甚至更大），这样，第一个支路需要风机提供的压头为 −20Pa，最末端支路风机需要提供的压头为 80Pa，处于风量自适应能力较强的压力范围内，故自适应能力较好。因此推荐主管长度小于 50m 能很好保障支路风量的自适应能力。当然，上述情况考虑到按照目前的通风管路设计，若按照主管等管径设计，存在动静压转化的问题，且主管的压力损失减小，此时系统的主风管长度可增长，但要考虑到等管径设计带来的空间占用问题。

A.5.2 水力计算

A.5.2.1 动力分布式送风系统应首先确定送风系统的零压点，零压点宜在干管 1/2 处。

【条文说明】动力分布式送风系统设计宜以输配能耗为目标进行零压点的优化分析。零压点位置取决于主风机和支路风机效率。零压点的位置直接涉及主风机压力选择和支路风机压力与转速设定。零压点越靠近主风机，主风机需提供的压力越小，而支路风机提供的压力越大。对于同样风量需求的若干末端，远离主风机的支路风机转速越大。考虑到目前海润的支路风机高转速下的噪声问题，故需将远离主风机的支路风机转速降下来并控制在一定范围内，解决的技术措施为将零压点往后推移至主管的1/2处。在当前的系统设计半径下可较好地控制远端支路风机的噪声问题。

此外，零压点的设置还影响到新风系统的输配能耗问题，动力分布式送风系统输配总能耗理论研究表明，得到下面两种典型情况（图A-6）：

当主风机效率小于等于支路风机效率时，零压点在第一个支路入口时输配系统总能耗最小；当主风机效率大于支路风机效率时，所有支路风机效率均相等时，零静压点应在最不利环路和最有利环路之间的某一点时输配系统总能耗最小。

考虑到目前风机效率的实际情况，故其输配系统总能耗应在第一个支路与最后一个支路中间，同时也考虑到平时动态通风需求，导致零压点在主管上不停地漂移，为了易于设计，所以将零压点可以选择在主管1/2处。

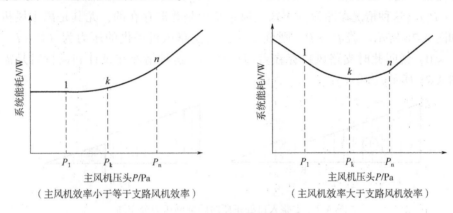

图 A-6　输配系统能耗趋势图

A.5.2.2　动力分布式排风系统的零压点宜在管路干管的最远端，以保障排风主管路为负压。

A.5.2.3　动力分布式通风系统将通风主风管入口至零压点的水力损失作为主风机需克服的阻力；将零压点至各个支路末端出口的水力损失作为支路风机需克服的阻力。

A.6　设备选型

A.6.1　主风机选型

　　A.6.1.1　变风量系统的主风机应选择直流无刷可调速风机。

　　A.6.1.2　风量应在系统总风量基础上附加5%～10%的风管漏风量。

　　A.6.1.3　压力以系统总风量下主风管入口至零压点的阻力作为额定风压。

　　A.6.1.4　设计工况效率不应低于风机最高效率的90%。

　　A.6.1.5　宜选用性能曲线为平坦型的主风机。

A.6.2　支路风机选型

　　A.6.2.1　变风量系统的支路风机应选择直流无刷可调速风机。

A.6.2.2 风量应在支路最大新风量上附加 5% 的漏风量。

A.6.2.3 压头应为支路所在环路的总阻力减去主风机压头，且附加 10% ~ 15%。

A.6.2.4 设计工况及典型新风量下支路风机效率不应低于风机最高效率的 90%。

A.6.2.5 宜选用性能曲线为陡峭型的支路风机。

A.6.2.6 常规动力模块的动力分布式通风系统宜按承担的风量和主管零压点到本支路末端总阻力确定动力模块的选型，且应标明常规模块的档位（与转速对应）。

【条文说明】因为即使每个支路风量需求、动力模块设备选择均一致，动力模块的档位存在不同，离主风机越近，动力模块档位越小（转速越低），反之越大。

支路风机在动力分布式通风系统的运行中存在着入口压力为零、负和正的三种水力状态。

1. 支路入口处正压

支路入口处正压时的管网压力分布图如图 A-7 所示。若某一支路入口存在着正静压 P_j，假设设计流量下克服该支路所需要的压力为 P，且 $P_j > P$，则该支路需要支路风机提供的压力为 $(P - P_j)$。这种情况在动力分布式通风系统中是普遍存在的，尤其是离主风机较近的支路，如图 A-7a 所示。若 $P_j > P$，则该支路需要支路风机提供的压力为 $(P - P_j)$，此时 $(P - P_j) < 0$，说明此时支路风机存在着阻碍作用，这种情况在设计和运行时是需要避免的，如图 A-7b 所示。

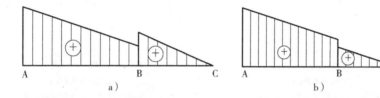

图 A-7　支路入口处正压时的管网压力分布图

a）情形一　b）情形二

注：A 为主风机处，B 为支路风机处，C 为支路末端风口，下同。

2. 支路入口处零压

若支路入口静压为零，这种情况相当于支管直接接入大气，管网压力分布图如图 A-8 所示，那么此支路设计流量下需要支路风机提供的压头即为该支路需要克服的阻力 P。

3. 支路入口处负压

若支路的入口静压为负静压 $-P_j$，管网压力分布图如图 A-9 所示，这种情况在动力分布式通风系统中往往出现在离主风机较远端。那么在设计风量下此支路风机需要提供的压力则为 $(P + P_j)$。

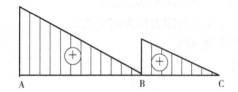

图 A-8　支路入口处零压时的管网压力分布图

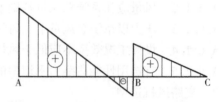

图 A-9　支路入口处负压时的管网压力分布图

综上可得，在动力分布式新风系统中支路风机存在上述三种水力状态，且在实际运行中存在随着通风工况而产生支路风机运行的水力状态切换现象。这显示了动力分布式通风系统中的支路风机选型的重要性。支路风机在系统中存在着支路入口压力不同的情况，不仅要求在设计工况下达到风量要求，还要求工况调节下也具有对应的稳定风量的能力。这是保障该系统良好运行的重要技术保障。

A.6.2.7　宜选用具有稳定风量功能的自适应风机，宜按照支路风量需求直接选择自适应动力模块，校核运行状态是否在自适应的压力变化范围内，风量偏差范围不大于±15%。

【条文说明】传统的支路风机性能曲线一般是固定转速下的风量风压关系曲线，呈现出风量增大、风压降低的对应关系。一般采用固定转速下的风机性能曲线与通风管网的特性曲线交点确定风量及其运行风量下的风压，当管网阻力特性不变时，风机的运行状态点不变。当管网阻力增大时，风机的流量减小，其提供的压头增大。

而自适应支路风机是一种新型的可根据风量要求进行动态追踪调速的风机，本规范所述的风量风压特性曲线并不是常规意义上的风量风压曲线，而是在不同管网阻力特性下，风机适配其特性而呈现出的风机调速下的风量风压曲线。也就是说，对于某一管网，设计时确定了风量，采用自适应支路风机提供压头，当管网阻力增大时，自适应支路风机可自动将风机转速调大，从而调大压力且稳定风量，当管网阻力减小时，可自动调小风机转速，减小压力且稳定风量。因此，自适应风机是以提供具体的风量大小为直接目标来进行调速匹配的。测试结果显示自适应风机在调节工况下具有风量稳定性能，但仍不能忽视其风压适配范围。因此在动力分布式系统中，应充分分析不同支路的入口压力，分析其是否处在风量稳定条件下的风压范围。这也是保障系统风量可靠地达到设计要求及良好运行的关键。

海润测试的自适应风机稳定400m³/h风量（误差为±10%）的适配支路入口压力范围为−150~110Pa（此处认为支路的阻力为0），因此自适应支路风机的性能表征参数可以为稳定风量和压力适配范围。当支路风机单机运行，可以认为其入口压力为零时的风量，其提供的压力在适配压力范围内，风量能够稳定。当支路风机入口压力为负时，只要入口压力负值的绝对值小于适配入口压力范围的上限值，其仍可以保证风量稳定。当支路风机入口压力为正时，只要入口压力值小于适配入口压力范围下限值的绝对值，其仍可以保证风量稳定。

但实际工程中，支路的阻力不可能为零，因此在具体的支路自适应风机匹配设计中，需对该稳定风量的适配压力范围做修正。对于自适应风机风量为 Q 时的适配支路入口压力范围为 $P_1 \sim P_2$，当支路阻力为 P 时，其稳定风量为 Q 时的适配支路入口压力范围即修正为 $(P_1+P) \sim (P_2+P)$。

工程应用中，需首先根据设计支路风量下的阻力对适配压力范围进行修正，其次再看该自适应支路入口压力是否处于修正后的压力范围内，如果处于修正后的范围内则说明可以稳定风量，若处于该范围之外，则会偏离设计风量。若入口压力大于修正后的范围上限值，说明该自适应支路风机的实际风量会大于设计风量，若入口压力小于修正后的范围下限值，说明该自适应支路风机的实际风量会小于设计风量。

A.6.2.8　输送经过热湿处理后新风的支路风机应具有保温功能，防止外表面凝露。

A.6.2.9 支路风机出口应具备风量自动关断功能。

A.6.3 阀门设置

A.6.3.1 应尽量减少阀门设置数量，当设计工况下主风机压头大于环路的阻力时，宜在该环路的支路上设置阀门。

【条文说明】当主风机选型完成后，靠近主风机近端的支路阻力若完全可由主风机压头克服，此时不需要支路风机，支路也可以输送新风，这种情况下若设置支路风机，支路风机会存在阻碍作用，长期运行甚至烧毁，这种情况下需要设置阀门消耗多余的压力，为支路风机安全运行及风量调节提供条件。

A.6.3.2 应在主风机进风口设置阀门，以防止凝露污染新风品质。

A.7 监测与控制

A.7.1 应设置房间压差传感器，疫情时可根据压差需求设置压差值，并与排风支路风机联动自动调节以稳定房间压差。

A.7.2 宜采用室内空气环境监测平台对室内空气压差、CO_2、PM10、PM2.5 等参数进行监测，并可实现就地和远程监测功能。

A.7.3 应设置 CO_2 或空气品质传感器与末端控制面板，实现支路风机手动和自动调节。

【条文说明】配备空气品质传感器，再配以控制面板，既可以根据空气质量自动调节支路风机转速，也可以根据人员主观感受自主调节。客观控制与主观控制相结合的方法使得室内人员可自主调节新风量，但为了节能，也可以实现有限调节权，当主观控制增大的新风量使房间 CO_2 浓度（或其他物理参数）低于设定的下限值时，客观控制逻辑将自动减小新风量；反之，将自动增大新风量。

A.7.4 房间压差传感器宜设置在门上方，空气品质传感器应设置在人员主要活动区域或排风口，宜根据多点传感器监测值综合制定控制逻辑。

【条文说明】室内 CO_2 浓度是直接反映室内空气品质的参数。营造良好空气品质的技术措施是通风，通过新风量来稀释污染物浓度达到控制要求。而通风量则存在机械通风量和自然渗透风量，两者均是对室内 CO_2 浓度有益的保障，需要对两者进行综合控制，而自然渗透量确定较为复杂，若不考虑此部分，直接根据人员数量进行机械新风量调节，则可能存在室内 CO_2 浓度处于较低状态（如 600ppm），这样间接反映了综合新风量供应较大，增大了新风处理能耗。用 CO_2 浓度直接反馈调节新风量是确定合理机械新风量的重要技术措施，既保障了效果，又节约了新风能耗。当设置控制策略时，如传感器设置在排风口，则需要进行修正，如设置在人行高度，可不修正。当人行活动区设置受限时，可综合设置排风口和人员高度墙壁的传感器，由两者的探测值进行逻辑设定控制。

A.7.5 主风机应根据支路风机的工况调节自动适应，宜采用总风量控制法或干管定静压设定控制法。

【条文说明】采用干管定静压设定控制法，在风机出口气流稳定的干管处设定静压传感器，通过监测的干管静压值控制主风机转速，使其稳定在设定静压范围内。采用总风量控制法，根据末端各支路风机的控制信号进行综合加权分析得到系统风量的总需求信号，然后作用于主风机进行风机转速调控，使得总风量满足末端各支路风量需求之和。

A.8 系统调适

A.8.1 前提条件

A.8.1.1 系统调适应由施工单位负责,设计单位与建设单位参与和配合。调适的实施可由施工企业或其他具有调适能力的单位完成。

A.8.1.2 管道系统施工时,应进行管道静压测试孔洞的预留,便于调适测试工作的开展。

【条文说明】为便于在系统调适时,对管道静压进行测试,施工时需在风管系统中预留管道静压测试孔。测试孔洞的预留应在设计图样中注明开孔位置和开孔尺寸大小及封堵方式,施工后应对测试孔进行位置标记。

A.8.1.3 系统隐蔽工程在隐蔽前应经监理或建设单位验收及确认,并留下影像资料。

A.8.1.4 对影响调适工作开展的重点施工部位质量进行检查,检查部位包括模块安装和接管质量是否符合施工规范。

【条文说明】检查方式可以采取现场查看的方式,当难以进行现场查看时,可通过查看隐蔽工程验收资料、查看施工过程影像资料等进行检查,对于施工质量不符合要求的系统,应通知施工单位进行整改,整改完成后方可进行调适。

A.8.1.5 应进行管道系统强度和严密性试验,应能满足《通风与空调工程施工质量验收规范》(GB 50243—2016)要求。

A.8.1.6 调适前,应对房间可能漏风部位进行封堵和密闭。

【条文说明】房间的气密性等级决定了房间机械送排风量差,对于房间可能存在明显漏风的区域应进行封堵和密闭处理,如门缝、传递窗周围等区域。

A.8.2 一般规定

A.8.2.1 系统调适应分别对平时状态和疫时状态进行调适。

A.8.2.2 风量、静压、压差测量用仪器仪表应稳定可靠,精度等级和最小分度值应能满足测定的规定,并应符合国家有关计量法规和检定规程的规定。

A.8.2.3 系统调适前应编制调适方案,调适结束后,应提供完整的调适资料和报告。

A.8.2.4 平疫结合型动力分布式通风系统调适应包括下列内容:

1) 系统检查。

2) 主风机和末端动力模块试运转。

3) 送风系统平衡调适。

4) 排风系统平衡调适。

5) 系统综合效能调适。

A.8.3 调适流程

A.8.3.1 考虑管网阻力构件相邻连接导致的局部阻力系数误差较大的问题,可借助CFD数值模拟进行仿真风量平衡。

【条文说明】针对现有风系统管网阻力计算往往不考虑多阻力构件,如三通、风阀、弯管等,相邻连接造成的局部阻力系数误差较大的情况,在调适之前可以采用CFD数值模拟建立风系统模型，先在仿真平台上进行风量平衡，再根据仿真调平结果进行现场调适，加快现场调适进程，提高调适质量。

A.8.3.2 系统安装完成后应进行系统检查，系统检查包括下列内容：

1）设计符合性检查。

2）施工质量符合性检查。

3）设备安装质量符合性检查。

4）控制系统传感器的检查。

【条文说明】系统检查是开展调适工作的前提，包括设计、系统安装质量、设备安装质量和传感器安装质量。设计符合性检查是检查工程实施结果是否同设计图样相符；施工质量符合性检查是检查系统施工是否符合施工的要求；设备安装质量符合性检查是检查设备是否满足设计和产品要求；控制系统传感器检查是检查传感器是否满足设计和产品要求。

1）施工质量应保证：

①风管连接及保温情况良好。

②设备与管道连接的软管应牢固可靠。

③进行系统管路严密性试验，无明显漏风现象。

④阀门均能正常开启、关闭，信号输出正确。

2）设备安装质量应保证：

①实际安装设备参数与设计相符。

②设备安装位置、高度、减振措施及连接处符合规范要求。

③设备配电情况良好，调控面板标识明确，电路连接牢固。

对压差传感器进行检查校准，压差传感器引压管安装方向是否正确，检查压差传感器安装和接管是否牢固可靠。

A.8.3.3 主风机、末端动力模块的单机试运转应按下列程序进行：

1）模块应能正常运行、运转平稳、无异常振动与声响，电动机运行功率应符合设备技术文件的规定。

2）模块运行噪声不应超过产品说明书的规定值。

3）模块阀门动作正常。

4）对比主风机、模块运行风量与设计风量。

【条文说明】对于送风系统，先开启主送风机至设计档位，再开启末端送风模块至设计档位；对于排风系统，先开启主排风机至设计档位，再开启末端排风模块至设计档位，测量各末端模块送风量和噪声。

1）若出现末端模块无法正常开启的情况，应根据以下步骤进行检查：

①末端模块强电供应是否正常。

②面板控制接线连接是否牢固。

③控制信号传输是否正确。

④若以上均无问题，则需更换模块（或模块电动机）。

2）末端模块送风量偏差较大，明显小于设计风量，应根据以下步骤进行检查：

①末端模块阀门是否正常完全开启。

②末端模块入口和出口接管是否牢固可靠，避免出现堵管情况。

③针对多风机高静压模块，需检查模块的所有风机是否都正常运行。

A.8.3.4　送风系统平衡调适应按照以下程序进行：

1）对照末端模块风机性能曲线，结合仿真调平结果，确定各房间送风模块和主送风机档位。

2）自送风系统最末端房间开始，测量房间送风口风量，检查是否满足房间换气次数要求，若小于设计值，则将模块调大1档；若远大于设计值，则将模块调小1档，直至房间风量满足设计要求。

3）送风系统平衡调适分平时和疫时两种状态进行调适，调适完成后分别记录两种状态下，各房间送风模块档位及主送风机模块档位。

【条文说明】调适前需明确主送风机和房间送风模块的风机性能曲线。主送风机一般为变速风机（非自适应风机），而自适应模块是一种特殊的风机，可根据设定输入电压大小自动调节转速来稳定风量，如图A-10、图A-11所示。

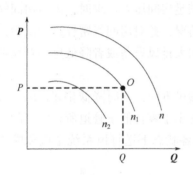

图A-10　主风机转速 $n > n_1 > n_2$

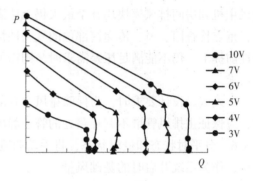

图A-11　自适应风机性能曲线图

1）依据送风系统主风机克服到最远端阻力和确定主风机机外余压 P，然后依据末端所有风量需求之和确定主风机风量 Q，依据 P、Q 在图A-10中可确定风机转速 n（如图A-10中点 O 的确定方法）。

2）依据每个末端所需风量，以及图A-11自适应风机性能曲线图确定该末端的输入电压（或档位，如8V即8档）。

3）将主风机和所有末端模块按上述1）和2）初步运行，先开启主风机，再开启末端模块，测试末端风量是否满足设计要求。

4）若满足设计新风换气次数需求，则调适结束，若不满足则需针对不满足的末端模块进行调适（风量大则减小一个档位，风量小则增加一个档位），然后再进行一次风量测试，直到满足需求。

A.8.3.5　排风系统平衡调适应在送风系统调适完成后，按照以下程序进行：

1）对照自适应模块风机性能曲线，结合仿真调平结果，根据房间排风量确定各房间排风动力模块档位，根据总排风量确定主排风机档位。

2）关闭房间所有门窗，先开启主排风机，再开启房间排风模块；再开启送风主机、房间送风模块；待系统稳定运行。

3）检查各房间压差是否满足设计要求，若某房间超过设计要求，降低该房间排风模块一个档位，反之，增加一个档位，每调整一次档位，均需观察各个房间的压差值是否满足设计要求。

4）各房间压差调至满足设计要求后，测试排风系统主管最不利支路的管道静压是否小于零，且低于管道所在空间的压力，若大于零（或大于空间压力），则需调大主排风机风量，直至管道静压小于零且低于管道所在空间的压力，调整之后需要再次确认各房间压差情况。

5）分平时和疫时两种状态进行调适，调适完成后分别记录两种状态下，各房间排风模块档位及主排风机档位。

【条文说明】排风系统调适应在送风系统调适完成之后进行，对于排风主机和房间自适应排风模块，依然需根据风机性能曲线（结合仿真系统平衡）进行档位的初设定。风机开启顺序为：排风主机、房间排风模块。待系统运行稳定后，在门窗全部关闭的环境下检查房间的压差值。

当排风主机和房间排风模块均开至最大仍无法满足房间压差需求时，需对房间气密情况进行检查，重点检查门、窗、传递窗部位的气密性情况，并对房间气密性进行试验，在保障房间气密性前提下，仍不能满足压差需求时，则需加大排风设备或者降低房间新风量来保障房间压差需求。

当房间压差满足设计要求时，为保障排风主管漏风方向，同时降低相邻排风模块之间的相互影响，应保证主排风管最不利环路处的管道静压小于零且低于管道所在空间的压力。

A.8.3.6 分平时状态和疫时状态，将手动调适各状态下送排风系统主机和模块档位写入控制程序，作为系统开启时的基础风量。

A.8.4 控制逻辑调适

A.8.4.1 平疫结合型动力分布式通风系统的综合能效调适包括平时运行工况、疫情运行工况控制系统效果验证，以便验证系统调适结果。

A.8.4.2 记录送排风主机所带的全部房间模块的各项参数数值和管道静压控制点静压，观察所记录的各项数据是否符合逻辑关系。

更改管道设定静压值，待 10 ~ 20min 后，观察或测试主风机频率是否发生相应变化。例如，将设定数值调小，则风机频率也应下降。调适过程中应详细记录原始设定值和更改的设定值，以及相应的其他发生变化的数值。

A.8.4.3 记录房间压差值和对应房间模块档位，更改房间压差设定值，观察房间末端档位是否发生相应变化。例如，将房间压差设定数值调大，则相应房间排风模块档位会调大。调适过程中应详细记录原始设定值和更改的设定值，以及相应的其他发生变化的数值。

附录 B　为什么要在中国医院病房采用动力分布式通风系统

本文实地调研了某一医院不同病区人流量，典型病房内人流量及人员停留时间，发现中国医院病房空气质量不佳的原因为室内人员较多且变化较大，传统定新风量系统不能满足实际新风需求。对人员构成分析得到人流量存在常态和非常态两种形态，建立了非常态人流量模型及新风需求判据。建议医院首先制订管理制度并严格执行以减少人流量及新风需求，工程设计人员应考虑医生查房和家属探视对新风需求的影响，建议设置两档变新风量系统，正常情况下按照常态设计新风量运行，非常态时按照高档风量运行。

在新风系统设计中，新风量等于人均新风量指标与人员数量的乘积，人均新风量指标是卫生学研究范畴，而人员数量则是工程学研究范畴。人均新风量指标成果较多，结论比较明确，因此确定新风量的主要问题是确定人员数量。我国《民用建筑供暖通风与空气调节设计标准》（GB 50736—2012）、《综合医院建筑设计规范》（GB 51039—2014）中明确规定了病房最小新风量为 2 次/h 换气次数。但大量的实际情况表明，按照这个指标进行新风系统设计及运行，患者普遍感觉病房内部空气质量不佳，不得不在供暖空调时打开窗户通风，造成了能源的浪费。

B.1　调查概况

B.1.1　人流量的实地调研

作者于 2013 年 7 月 18 日至 23 日（周一～周六）对某综合医院各个病区及典型病房内部的人流量进行了实地调研。调研时间从上午 9 点至下午 17 点，每隔一小时统计一次病房内患者、陪护人员、探视人员、医护人员及其他人员的数量。

B.1.2　人员停留时间调研

记录病房内部患者、陪护人员、探视人员、医护人员的停留时间。

B.2　调研结果

B.2.1　人员数量特征

不同病区的探视及陪护总人数见表 B-1。

表 B-1　不同病区的探视及陪护总人数

病区名称	患者数量	陪护人数	单人同时最多陪护人数	单人同时最多探视人数
腹腔镜外科、乳腺、甲状腺外科	21	22	2	4
胃肠外科、肝胆外科	29	25	1	2
骨关节外科	36	34	2	2
骨脊柱外科、手外科	45	41	3	4
胸外科、心血管外科、整形外科	40	32	2	5
妇科	37	30	2	3
眼科、耳鼻咽喉科、口腔科	34	24	2	1
儿科、计划生育科	22	33	2	3

调研结果显示同一病区患者和陪护人员一天中的数量变化不大。由表 B-1 可以看出，不同科室的单人同时最多陪护人数和最多探视人员不同。骨脊柱外科患者一般不能活动，单人同时最多陪护人员较多，为 3 人；胃肠外科、肝胆外科最少，为 1 人，其余病区为 2 人；胸外科相对病情较重，单人同时最多探视人数较多，为 5 人；眼科、耳鼻咽喉科与口腔科单人同时最多探视人数最少，为 1 人。

由表 B-2 可知，对于三人间病房，外科与妇产科查房医生为 6 人，内科与儿科查房医生为 7 人。该医院为教学医院，教学查房根据教学目的及要求不同，参与人数不同，一般人员数量较多，至少有 6 人。

表 B-2　查房医生数量

	病室类型	查房医生人数
外科	3 人间	6
妇产科	3 人间	6
内科	3 人间	7
儿科	3 人间	7

B.2.2　停留时间特征

病房中有四类人，分别为患者、陪护人员、探视人员和医护人员。

患者和陪护人员全天在病房内，病情轻微人员偶尔出去走动，但离开病房时间不长。允许探视患者的时段为 14:00~19:00，探视人员停留时间是随机的，短者 10~30min，长者 1~2h，甚至更长。

医生进入病房的目的分为查房和为患者治疗，两者人数及停留时间不同。查房的类型分为行政查房、临床查房和教学查房。院领导行政查房每次抽查 2~3 个护理单元，每个护理单元停留 30~60min，在每个病房的停留时间很短，约为 1min；科主任查房每周一次，查房对象为危重及复杂病症患者，在病房停留时间为 2~4min；教学查房根据教学目的及要求不同，在病房停留时间不同，一般停留时间较长。由表 B-3 可知，不同科室医生在每个病员的停留时间不同，外科查房医生在每个病床前停留时间最短，依次是妇产科、内科与儿科，各科室在每个病床前停留时间依次为 0.5~1min，1~2min，2.5~3min，4~5min。这是由于外科一般只是伤口查看、病情问询等；内科医生除了问询患者外，还需要采用听筒等仪器检测；儿科医生需要借助儿童家属叙述病情，且需要不停与儿童沟通才能了解病情。

护士查房的时间一般为 08:30~10:00 及 16:00~17:00，分为治疗查房和值班查房，治疗时间依据病情不同而不同，一般为输液或打针，在每床停留时间为 5~10min，而值班查房时，护士在每个病员前停留时间为 0.5~2min。

表 B-3　查房医生在室停留时间

	病室类型	医生停留时间/min	在每个病床前停留时间/min
外科	3 人间	2	0.5~1
妇产科	3 人间	5	1~2
内科	3 人间	8~10	2.5~3
儿科	3 人间	12	4~5

由此可知，病房内人员停留分为持续性停留和短暂性停留。其中患者和陪护人员属于持续性停留，而探视人员和医护人员属于短暂性停留。

B.3　分析与讨论

B.3.1　人流量构成特性及模型

1. 人流量构成特性

住院病房中主要有患者、陪护人员、探视人员和医护人员，不同类型的人员在病房的人数和停留时间不同。假设患者不在室时，陪护和探视也均不在室，建立病房人员数量模型为

$$N_i = P_i + A_i + V_i + D_i + W_i \tag{B-1}$$

$$P_i = n\alpha_i\varphi_i \tag{B-2}$$

$$A_i = P_i\gamma_i \tag{B-3}$$

$$V_i = P_i v_i \tag{B-4}$$

式（B-1）~式（B-4）中，N 为病房内的总人数；P 为患者人数；A 为陪护人数；V 为探视人员数量；D 为医生人数；W 为护士人数；n 为编制床位数，即规划设计确定的病床数；φ 为患者在室率；α 为病床使用率；γ 为陪护率；v 为探视率；其中下标 i 表示一天中的任意时刻。

患者人员一般是固定的，由床位数决定，陪护人员数量根据陪护制度而定，陪护分为有陪和无陪。调查发现每位患者的陪护人数一般不超过 2 人，取决于陪护制度及执行情况。对室内人员数量影响较大的是医护人员和探视人员，这涉及医生查房管理制度和家属探视管理制度，这类人员数量的变化是随机的，不确定的，且变化较大。很多医院通过制度管理措施限时、限量探视人员，使人流量减少，病房环境得以改善。因此从人流量的特性看，病房内部人流量存在确定性人流量和不确定性人流量。

2. 人流量模型

根据病房人流量的确定性特征将人流量分为常态人流量和非常态人流量。对于病房而言，其常态人员为患者和陪伴人员。而非常态人流量是指在常态人流量基础上突然增加一定数量的人员，一段时间后又恢复到常态人流量状态。设定非常态人流量为分段函数如下：

$$f(t') = \begin{cases} a & t \in [t_0,\ t_{i-1}) \\ a + b & t \in [t_{i-1},\ t_i) \\ a & t \in [t_i,\ t_T) \end{cases}$$
$$(a = \text{const}) \tag{B-5}$$

其中，b 为非常态情况下增加的人员数量。

B.3.2　新风需求的影响因素分析

病房常态人流量为常数，其新风需求是明确的，按照 2 次/h 新风换气次数或人均 $30m^3/h$ 新风量指标计算均能满足室内空气质量要求。但当处于非常态时，就需要对病房的室内空气质量做具体分析。当 t 处于非常态时段内，室内 CO_2 浓度随时间的变化可表达为：

$$C = \left[C_{i-1} - \frac{G_0(a+b) + kC_{xi}V_{xi}}{kV_{xi}} \right] e^{-\frac{kV_{xi}(t-t_{i-1})}{V}} + \frac{G_0(a+b) + kC_{xi}V_{xi}}{kV_{xi}} \tag{B-6}$$

其中，G_0 为每人单位时间内的 CO_2 散发量（m^3/h）；C_{i-1} 为 t_{i-1} 时刻室内 CO_2 浓度；C_{xi}

为 $t_{i-1} \sim t_i$ 时段内新风中 CO_2 浓度；V_{xi} 为 $t_{i-1} \sim t_i$ 时段内的新风需求量（m^3/h）；k 为混合系数，本文取 0.9；a 为常态下的人流量；b 为非常态下增加的人流量。

非常态下的新风需求影响因素主要有抗冲击能力和超限时间。

1. 抗冲击能力

抗冲击能力是无因次参数，是指在非常态人流量情况下，CO_2 浓度由正常控制浓度 C_1 上升到报警浓度 C_{max} 所需要的时间 T_1 与非常态人流量持续时间 T_0 的比值，用参数 K 表示，如图 B-1 所示，$K = \dfrac{T_1}{T_0}$，即：

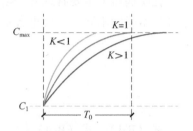

$$K = \cfrac{-\cfrac{V}{kV_x}\ln\left(\cfrac{C_{max} - \cfrac{G + kC_x V_x}{kV_x}}{C_1 - \cfrac{G + kC_x V_x}{kV_x}}\right)}{T_0} \qquad (B\text{-}7)$$

其中，V_x 为常态人流量下的新风量（m^3/h）。

图 B-1 抗冲击能力示意图

2. 超限时间

超限时间是指室内 CO_2 浓度超过报警浓度的持续时间长度，包含非常态时段内 CO_2 浓度超过报警限值的时间段（T_0—T_1）及非常态结束后 CO_2 浓度在常态新风量供应下又回落到报警浓度限值的时间段（T_2）两部分。非常态结束时刻室内 CO_2 浓度为：

$$C_{end} = \left[C_{max} - \frac{G_0(a+b) + kC_{xi}V_{xi}}{kV_{xi}}\right]e^{-\frac{kV_{xi}(T_0-T_1)}{V}} + \frac{G_0(a+b) + kC_{xi}V_{xi}}{kV_{xi}} \qquad (B\text{-}8)$$

然后在常态新风量供应下，CO_2 浓度回落到报警浓度，即：

$$C_{max} = \left(C_{end} - \frac{G_0 a + kC_{xi}V_{xi}}{kV_{xi}}\right)e^{-\frac{kV_{xi}T_2}{V}} + \frac{G_0 a + kC_{xi}V_{xi}}{kV_{xi}} \qquad (B\text{-}9)$$

由上式可计算得到 T_2。因此实际超限时间为 $\Delta T = T_0 - T_1 + T_2$，如图 B-2 所示。

B.3.3 新风调控判据

设病房常态人流量下设计新风量为 V_x，非常态人流量持续时间为 T_0，CO_2 浓度报警限值为 C_{max}，超限浓度时间限值为 ΔT_0，由式（B-7）、式（B-8）、式（B-9）可得抗冲击能力参数 K 和实际超限时间 ΔT。则新风调控判据为：

1）$K \geq 1$，新风量维持不变。

2）$K < 1$ 且 $\Delta T \leq \Delta T_0$，新风量维持不变。

3）$K < 1$ 且 $\Delta T > \Delta T_0$，需加大新风量。

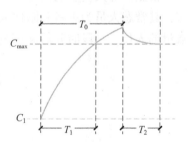

图 B-2 超限时间示意图

B.3.4 病房通风量确定流程与方法

（1）确定常态新风量 根据标准规范确定的 2 次/h 通风换气次数或根据常态病人数和陪护人员数之和乘以人均新风量指标确定。这是必须保证的新风量。

（2）确定非常态新风量 先确定关键参数，可设置红外传感器确定人的在室停留时间和数量，即确定了 b 和 T_0。依据非常态通风量需求判据确定非常态通风量。

（3）根据（1）和（2）确定设计通风量 若常态通风量与非常态通风量相等，则按此通风量设计定风量系统；如两者不相等，则取最大通风量为设计通风量，设计为变通风量系统。根据通风量的判据确定风量设计大小与风量的调控等级（一般需设置大小档两个等级即可，小档位为常态通风量，大档位为临时加大时的非常态通风量）。

（4）确定设计调控逻辑 若确定定风量系统，则一直定风量运行，仅有开关按钮；若为变通风量系统，系统应有两档或多档位通风量，可在控制面板上增设"临时加大通风"按钮，当医生查房或者病患家属来到病房内时，可通过该按钮手动加大通风量，或根据人员红外传感器感应后自动加大通风量，当在一定时间（时间可设置）后，又自动恢复常态通风量。

（5）确定排风量 根据病房的正压或负压的需求来调整排风量的大小，当病房为正压时，排风量应小于新风量 10% 左右，当病房为负压时，排风量大于新风量 10% 左右。当新风量调整时，排风量同步联动同比例同向调整。

B.3.5 案例讨论

假定某三人病房面积为 32m²，层高为 2.8m。常态下病房内有 6 人（3 名患者与 3 名陪护），按照新风设计量为 2 次/h 换气次数，计算得到新风设计量约为 90m³/h。

由图 B-3 可知，在人员 CO_2 散发量为 0.0144m³/（h·p），新风 CO_2 浓度为 400ppm 下，对于不同的室内 CO_2 初始浓度，室内 CO_2 浓度最终稳定在 933ppm，稳定时间大约为 2h。

常态下新风需求是明确的，非常态情况主要是探视人员和医护人员数量变化，属于随机变化情况。假设增加的探视人数为 6 人，持续时间为 1h。以正常新风量供应下的稳定浓度 933ppm 为起点，非常态情况下室内人员总数量为 12 人后，CO_2 浓度呈上升趋势，5min 后即超过 1000ppm，抗冲击能力为 1/6，远小于 1；如设定病房要求的超限浓度限值为 20min，则实际超限时间为 120min，远远大于 20min，故通过新风调控判据认为常态设计新风量不能满足非常态下的新风需求，需要在非常态期间增加新风量，如图 B-4 所示。

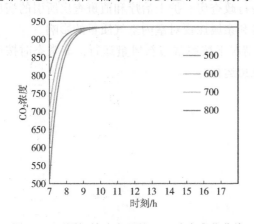

图 B-3 不同初始浓度下的 CO_2 浓度变化曲线

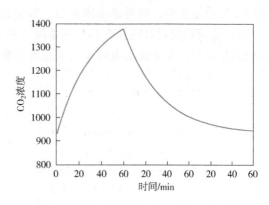

图 B-4 非常态下室内 CO_2 浓度变化曲线

由表 B-2 及表 B-3 调研所得外科、妇产科、内科与儿科的查房医生数量及其停留时间，同理可得不同科室的超限时间与抗冲击能力，见表 B-4。

表 B-4 不同科室的超限时间与抗冲击能力

科室	超限时间/min	抗冲击能力
外科	0	2.5
妇产科	0	1

（续）

科室	超限时间/min	抗冲击能力
内科	23	0.33
儿科	31	0.25

若设定病房的超限时间限值为 20min，则外科与妇产科可不考虑医生查房引起的室内空气质量的影响，应考虑内科与儿科医生查房对室内空气质量的影响。

需要说明的是，上述案例是针对特定的教学医院调研情况所得，不同类型的医院存在着差异，可根据本文提出的方法做具体分析。

因此对于人流量变化较大的病房，常态下按照新风量为 2 次/h 换气次数运行，当出现非常态时，可将新风量临时调大至非常态下新风量运行，以抵制室内 CO_2 浓度继续上升，一段时间后切换至常态设计新风量下运行。

B.4 结 论

1) 中国医院病房空气质量不佳的原因为人流量较多且变化较大。病房内部人员呈现常态和非常态两种人流量形态。常态下人员数量稳定，人员组成为患者及其陪伴者；非常态下人员组成为患者、陪伴者、探视者及医护员人，其中探视人员及医护人员数量变化较大。

2) 非常态下人流量的多少取决于医院的管理制度及其执行程度。医院应通过加强病房管理制度的执行力度，减少人流量，进而减少新风量。

3) 工程设计者应根据各个医院病房管理制度等情况综合确定常态人流量和非常态人流量，进而分析各种状态下的新风需求。可不考虑行政查房、护士治疗和值班查房所引的病房室内空气质量影响，应考虑临床查房、教学查房和亲属探视对室内空气质量的影响。

4) 建议病房设计两档变新风量系统，正常情况下按照常态新风量运行，非常态时按照高档风量运行，非常态结束后又切换至常态新风量运行。

参 考 文 献

［1］GREEN R H. Air-conditioning control system using variable-speed water pumps ［J］. ASHRAE Transactions, 1994, 100（1）: 463-470.

［2］J B R. Control of variable speed pumps on hot and chilled water systems ［J］. ASHRAE Transactions, 91（1）: 746-750.

［3］江亿. 用变速泵和变速风机代替调节用风阀水阀 ［J］. 暖通空调, 1997, 27（2）: 66-71.

［4］狄洪发, 袁涛. 分布式变频调节系统在供热中的节能分析 ［J］. 暖通空调, 2003, 32（2）: 90-93.

［5］符永正. 常规水系统的阀门能耗及动力分散系统的结构和应用 ［J］. 暖通空调, 2005, 35（9）: 6-10.

［6］李玲玲. 动力分散系统的输送能耗分析 ［J］. 暖通空调, 2009, 39（3）: 83-88.

［7］王芃, 邹平华, 方修睦. 单热源枝状热网分布式水泵系统的节能率分析 ［J］. 暖通空调, 2008, 38（11）: 13-16.

［8］秦绪忠, 江亿. 供热空调水系统的稳定性分析 ［J］. 暖通空调, 2002, 32（1）: 12-16.

［9］陈亚芹. 分布式变频热网的运行调节方案 ［D］. 北京: 清华大学, 2005.

［10］王芃, 邹平华. 分布式水泵供热系统零压差点与输送功率的关系 ［J］. 暖通空调, 2011, 41（10）: 91-95.

［11］吴正礼, 李旭春, 吕一松, 等. 无风速传感器风机恒风量控制器的设计与实现 ［J］. 暖通空调, 2010, 040（007）: 72-74.

［12］赵建伟. 动力分布式通风系统稳定性及其能耗分析 ［J］. 建筑科学, 2017, 33（02）: 96-101.

［13］严天, 徐新华, 郭旭辉. 动力分布式通风系统性能模拟及分析 ［J］. 制冷技术, 2017, 37（3）: 53-57.

［14］FURR J, O'NEAL D L, DAVIS M, et al. Performance of VAV fan powered terminal units: experimental set-up and methodology ［G］. Atlanta: ASHRAE Trans, 2008, 114（1）: 75-82.

［15］FURR J, O'NEAL D L, DAVIS M, J. et al. Performance of VAV fan powered terminal units: experimental results and models ［G］. Atlanta: ASHRAE Trans, 2008, 114（1）: 83-90.

［16］KHOO I, LEVERMORE G J, LETHERMAN K M, et al. Variable-air-volume terminal units I: steady state models ［J］. Building Services Engineering Research and Technology, 1998, 19（3）: 155-162.

［17］BRYANT J, O'NEAL D L, MICHAEL D. Performance of VAV fan powered terminal units: an evaluation of operational control strategies for series vs. parallel Units ［G］. Atlanta: ASHRAE Trans, 2010, 116（1）: 184-191.

［18］EDMONDSON J L, O'NEAL D L, BRYANT J A, et al. Performance of series fan-powered terminal units with electronically commutated motors ［G］. Atlanta: ASHRAE Trans, 2011, 117（2）: 876-884.

［19］樊燕, 唐艳滨, 王春雷, 等. 烟台莱山新院病房动力分布式通风系统设计 ［J］. 建筑热能通风空调, 2017, 36（04）: 94-98.

［20］居发礼, 付祥钊, 范军辉. 动力分布式通风系统设计方法 ［J］. 煤气与热力, 2012, 32（11）: 17-19.

［21］范军辉, 付祥钊, 居发礼. 通风系统输配功耗模型及应用分析 ［J］. 煤气与热力, 2013, 33（1）: 15-17.

［22］范军辉. 动力分布式通风系统研究 ［D］. 重庆: 重庆大学, 2013.

［23］居发礼. 息烽县人民医院病房综合大楼空调设计 ［J］. 暖通空调, 2013, 43（12）: 121-125.

［24］居发礼.综合医院新风量需求与保障技术研究［D］.重庆：重庆大学，2015.

［25］居发礼.医院病房人流量特征及新风量需求［J］.暖通空调，2015，45（4）：25-28.

［26］居发礼，付祥钊.医院诊床比影响因素的大数据挖掘［J］.制冷与空调（四川），2015，29（5）：485-490.

［27］居发礼，邓晓梅，祝根原.医院诊室的新风量需求［J］.制冷与空调（四川），2016，30（3）：245-248.

［28］祝根原，居发礼.液体循环式热回收系统的工程适应性［J］.暖通空调，2016，46（8）：92-97.

［29］居发礼，付祥钊.医院门诊公共空间人流量特性及新风量需求［J］.建筑科学，2017，33（12）：110-116.

［30］居发礼，刘丽莹，余晓平，等.动力分布式通风系统支路风量偏移测试与分析［J］.暖通空调，2019，49（12）：104-108.

［31］JU Fali, LIU Liying. Requirements for outdoor air in hospital wards in China［J］. Science and Technology for the Built Environment, 2018, 24（10）: 1150-1155.

［32］JU Fali, LIU Liying, YU Xiaoping. An analytical study to evaluate the impact of distributed zone fans on air flow rate in a mechanical ventilation system［J］. Building Services Engineering Research and Technology, 2020, 41（4）: 507-515.

［33］JU Fali, SUN Qinrong, HOU Changlei, et al. Test and analysis of air flow rate adaptive performance in a distributed fan ventilation system［J］. Building Services Engineering Research and Technology, 2021, 42（2）: 223-236.